物理学史断章

―― 現代物理学への十二の小径 ――

西條　敏美　著

恒星社厚生閣

まえがき

　著者は，これまで高校物理教育にたずさわる中で，多くの疑問に出くわした．その多くは，概念や原理・法則の成り立ちについての疑問であった．教科書で一言，1行でさらりと書かれている法則でも，その成り立ちはどうであるのか，気になることが多かった．もともと歴史や文学，哲学などにも強い関心のあった著者にとっては，物理学の応用技術よりも，物理学の成り立ちに関心をもつようになるのは自然ないきさつであった．

　そして，ひとつひとつ調べたことを折々にまとめ，あちらこちらに発表しているうちに，いつのまにやら，力学から原子物理までひととおりの事例をカバーするようになった．本書は，このうち十二の事例を選んで一書に編んだものである．著者の関心の背景を知ってもらうのによいと思われたので，「あとがき」まで，すでに発表したものとした．また，科学の成り立ちを調べるには，古典といわれる著作や論文が必要になってくるので，参考までに「付章」として，古典の所在を記した一文も付け加えた．これも既発表のものである．

　収録にあたっては，字句の訂正や統一をし，その多くは題目も改めた．内容については初出時とほとんどかわっていないが，かなり大幅に書き加えた章や，複数のものを一つの章にしたものなどある．そうはいっても，第1章と第11章など，初出時には最新の科学研究まで取り入れたリポートであったが，本書に収録するにあたってその後の研究を取り入れることができなかった．

　著者の最大の関心は，科学史そのものよりも，科学史の立場から科学を見ることにあるが，こうして一書に編んでみると，結果として，物理学史の諸相をいろいろな切り口で見た形になっている．そのときの「文章の断片」という意味で，書名を『物理学史断章』としてみた．またそれぞれが何らかの意味で現代物理学につながっているので，「現代物理学への十二の小径」という副題をつけた．各章読み切りなので，どの章からでもお読みいただきたいと思う．

　本書が陽の目を見るにいたったのは，恒星社厚生閣の小浴正博氏のお勧めとご尽力による．記して心よりのお礼を申し上げたい．

　　2001年10月

著　者

目 次

まえがき ……………………………………………………………… iii

第1章　重力の逆二乗法則はどこまで正しいか
　　　　── 検証実験の系譜 ── ……………………………… 1
　1．寺田寅彦の『物理学序説』から ……………………………… 2
　2．ニュートンによる逆二乗法則の確立 ………………………… 3
　3．オイラーの逆二乗法則の論証 ………………………………… 6
　4．宇宙的規模の距離における逆二乗法則の検証 ……………… 6
　5．実験室規模の距離における逆二乗法則の直接的検証 ……… 8
　6．万有引力定数 G の測定と逆二乗法則の間接的検証 ……… 9
　7．逆二乗法則の精度 …………………………………………… 11

第2章　アトウッドとその器械
　　　　── その構造と実験目的 ── …………………………… 15
　1．とりあげられなくなったアトウッドの器械 ………………… 16
　2．人間アトウッド（1746～1784） ……………………………… 16
　3．アトウッドの器械の構造 ……………………………………… 17
　4．アトウッドの実験原理と内容 ………………………………… 18
　5．アトウッドの実験目的 ………………………………………… 21

第3章　運動物体がもつ「力」をいかに表わすか
　　　　── カントの『活力測定考』に見る活力論争 ── …… 23
　1．活力論争とカント ……………………………………………… 24

 2．『活力測定考』の評価 ……………………………………………25
 3．『活力測定考』の大要 ……………………………………………27
 4．活力論争の今日的評価 ……………………………………………30
 5．『活力測定考』に見る力学的問題の例 …………………………32
 6．デカルトとライプニッツの力の概念 ……………………………37
 7．カントの力の概念 …………………………………………………38
 8．力の概念のその後 …………………………………………………40
 9．力概念のわかりにくさ ……………………………………………42

第4章　自然は真空を嫌うか
── 大気圧の概念の成立 ── …………………………………………45
 1．大気の海 ……………………………………………………………46
 2．大気圧の概念と真空嫌悪説 ………………………………………46
 3．ガリレイの実験 ……………………………………………………47
 4．トリチェリの実験 …………………………………………………49
 5．パスカルとペリエの実験 …………………………………………51
 6．ゲーリッケの実験 …………………………………………………56
 7．ドルトンの気象観測 ………………………………………………62
 8．実験科学の精神と新しいパスカル像 ……………………………63
 9．ふたたび真空とは …………………………………………………63

第5章　一定の仕事からどれだけの熱が発生するか
── ジュールによる熱の仕事当量の測定 ── ………………………67
 1．熱の仕事当量とジュールの実験 …………………………………68
 2．ジュールの原論文の所在 …………………………………………68
 3．電気的方法による実験 ……………………………………………69
 4．空気の断熱圧縮・膨張を利用する実験 …………………………71
 5．羽根車による液体の攪拌実験 ……………………………………74
 6．固体の摩擦による実験 ……………………………………………77
 7．執念ともいえるジュールの研究 …………………………………79

第6章　音速の理論式の成立をめぐって
―― ニュートンとラプラス ―― ……83
1．音速の式 ……84
2．測定以前 ……84
3．最初の音速の測定実験 ……85
4．その後の音速の測定実験 ……87
5．ニュートンの音速理論 ……88
6．ラプラスの音速理論 ……90
7．ラプラス以後の実験と応用 ……92
付録1．音速の理論式の今日的導出 ……95
付録2．音速の理論式と実験式との関係 ……96

第7章　光の折れ曲がり
―― 屈折の法則の成立 ―― ……99
1．光の屈折の法則 ……100
2．先駆者たち ……100
3．スネルとデカルトによる屈折の法則の成立 ……102
4．ホイヘンスの波動説と屈折の法則 ……104
5．ニュートンの粒子説と屈折の法則 ……106
6．アインシュタインの光量子説と屈折の法則 ……107

第8章　光も回折をおこすか
―― 歴史における光の回折現象 ―― ……109
1．光の回折現象 ……110
2．グリマルディによる最初の発見 ……110
3．ニュートンの粒子説と回折の実験 ……111
4．ヤングによる波動説の復活と回折の説明 ……112
5．フレネルによる回折現象の決定的説明と波動説の確立 ……113
6．光の波動説の確立 ……115

第9章　空はなぜ青いのか
—— 先人たちの研究史 ——　……117
1. 空の青さを見つめていると　……118
2. ダ・ビンチの場合　……118
3. アタナシウス・キルヒャーの場合　……119
4. ニュートンの場合　……120
5. チンダルの場合　……121
6. レイリーの場合　……122
7. 青い地球をつくりだすもの　……125

第10章　クーロンとその法則について
—— 静電気力と磁気力の逆二乗法則の成立 ——　……129
1. クーロンの法則　……130
2. クーロンの原論文とその所在　……130
3. 静電気力の測定実験　……131
4. 磁気力の測定実験　……135
5. 実験的基礎　……138
6. クーロンの法則の成立後の発展　……139

第11章　静電気力の逆二乗法則はどこまで正しいか
—— 検証実験の系譜 ——　……141
1. クーロンの法則と検証実験　……142
2. 検証実験の原理と方法　……143
3. プリーストリの実験　……143
4. キャベンディシュの実験　……145
5. マクスウェルの実験—19世紀の検証実験　……148
6. プリムトンらの実験—20世紀前半の検証実験　……151
7. ウィリアムズらの実験—20世紀後半の検証実験　……152
8. 検証実験と技術・理論の発展　……156
付録. キャベンディシュの式の追計算　……158

第12章　光で電子をたたきだす
── 光電効果をめぐる論争 ── …163
1. 光電効果をめぐる問題 …164
2. 発見，そして初期の研究 …166
3. レナートの研究 …167
4. アインシュタインの光量子説 …168
5. ゾンマーフェルトの共鳴理論 …171
6. 諸家の立場とその後 …174

付　章　自然科学の古典をどこに求めるか …179
1. 科学史と科学の古典 …179
2. 科学古典叢書から …180
3. 科学古典論文集から …182
4. 一般の全集・文庫から …183
5. 学会誌や大学の研究紀要から …184
6. 欧語の科学古典叢書・論文集から …184
7. 科学の古典の解説書および研究手引書と年表 …186

あとがきにかえて …189
学生運動から物理学史研究へ ── 山本義隆 ── …189
ある若き科学史家の死 ── 広重　徹 ── …195

初出一覧 …202
事項索引 …204
人名索引 …208

第1章
重力の逆二乗法則は
どこまで正しいか
―― 検証実験の系譜 ――

ニュートン（1642-1727）と没後250年記念切手

ケプラー（1571～1630）

ハレー（1656～1742）

1. 寺田寅彦の『物理学序説』から

　高校時代に学んだ物理の個々の内容は，30年の歳月が過ぎた今となっては忘れてしまいましたが，ひとつだけはっきり印象に残っていることがあります．それは，教科書の力学の章の扉にあった寺田寅彦の『物理学序説』[1]（1946）の一節です．昔の記憶をたどって該当の一節をさがしてみると，たしかに，次のようにありました．

　　りんごに力をおよぼすと考えられる各種の物体の距離が大なるにしたがってその影響が少ないということがなかったらどうであろう．望遠鏡でも見えない天体の不可知な位置や運動がたえず主要な影響を地上におよぼすのであったら，吾人の身辺の現象は混沌として捕捉すべからざるものであろう．すなわち，もしニュートンの万有引力を表わす mm'/r^2 で，距離 r が分子になくて分母にあることがいかに重大な意味を有するかを知ることができよう．

　寺田寅彦の言葉にかかると不思議にも，ものの見え方が違ってきます．高校生なりに何か感銘を受けました．
　やがて，電磁気の章に入ると，ここでもクーロンの法則が出てきて静電気力

オイラー（1707～1783）

アインシュタイン
（1879～1955）

についても，万有引力の式とまったく同じ逆二乗法則で表わせることを知り，自然界の法則は何と統一的なのかと感激したものでした．

ところで，重力も静電気力も同じ逆二乗法則で表わされ，寺田寅彦は距離 r が分母にあることの重大さを強調していますが，ほんとうに逆二乗法則は成り立っているのでしょうか．逆二乗法則を $1/r^{2+q}$ と書いたとき，逆二乗法則からのずれ q があるならどの程度の大きさなのでしょうか．

この問題について，まず静電気力の逆二乗法則について調べてみると[2]，いわゆる検証実験の歴史も長く，ウィリアムズ氏らの実験[3]（1971）によると，ずれ q として，$(2.7\pm3.1)\times10^{-16}$ という驚くべき精度の高い結果が得られています．言い換えると $1/r^2$ の分母の 2 は，

　　1.99999999999999996～2.00000000000000058

の範囲にあるということです．

ところが，重力の法則については，検証実験の歴史も浅く，むしろ今日的問題であるといってもよく，高い精度の検証実験はまだおこなわれていません．ここに，どのような検証実験がおこなわれ，どのような現状にあるのか，逆二乗法則の確立過程とともに，見てみます．

2. ニュートンによる逆二乗法則の確立

周知のように，重力が距離の逆二乗法則にしたがうことを証明し，確立したのはニュートンです[4]．もちろん，この問題を考えた科学者は，他にも何人かいました．ニュートンと同時代のハレー，レン，フックなどがそうで，それぞれニュートンと同じ方法で逆二乗法則を推測しています．しかし，20年間にわたる深い思索にもとづいて，大著『プリンキピア』（1687）をもって示しえたのは，ニュートンただ一人でした．

ニュートンの逆二乗法則を導き出す方法は，月や惑星の運動の解析によるものでした[5]．ただひとつ興味深い直接的方法として，高い塔に登って重力の大きさの変化を振り子の周期測定から測定しようとする試みもありました[6]．これはフックが試みた方法ですが，当時の測定技術では，その変化は認められず失敗に終わったといいます．

ニュートンが重力の問題を考える端緒は，1666 年，故郷にてりんごが落ちるのを見たときに始まるといわれています．重力は距離の逆二乗法則にしたがうという考えが，ニュートンの心に浮かんだというのです．さらに，地球がりんごの実を引いているならば，この力は遠く月までおよんでいると考えて，解析をおこないました．この解析は，『プリンキピア』[7] 第 3 編の命題 4・定理 4 でおこなわれています．その方法は，地球に対する月の 1 秒あたりの落下距離と地表での物体の落下距離とを，逆二乗法則にもとづいて，比較するというものです．

　まず，ニュートンは逆二乗法則を仮定します．当時，地球の周は 123,249,600 パリフィート，月までの平均距離は，地球の半径の約 60 倍であることがわかっていました．そうすると，月の軌道の長さが求まります．さらに，月の公転周期 27 日 7 時間 43 分（39,343 分）でわれば，月の軌道速度が求められます．つまり，18,796,767 フィート／分となります．MM' がこの速度を表わすものとします（図 1-1）．そして，図の NM' が月の 1 分間あたりの落下距離を表わしていますが，∠MEM' が小さいから，NM' はほぼ MO に等しくなります．つまり，月が地球の方へ落下する距離は MO で表わされます．ところが，

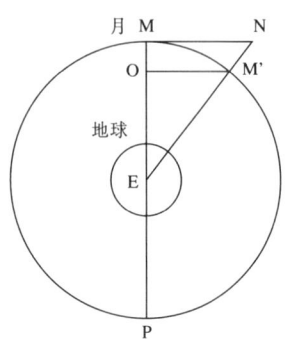

図 1-1　月の運動による重力の逆二乗法則の検証

$$\overline{MM'}^2 = MP \cdot MO$$

の関係がありますから，上の値を代入して，

$$MO = \overline{MM'}^2 / MP = 15 \text{ パリフィート} 1 \text{ インチ} 1\frac{4}{9} \text{ ライン／分}$$

が得られます．

　次に，逆二乗法則の検証になりますが，いま，重力が逆二乗法則にしたがうとすれば，地球表面での落下距離は，60^2 をかけて，

$$60^2 \times 15 \text{ パリフィート} 1 \text{ インチ} 1\frac{4}{9} \text{ ライン／分}$$

になります．この値を 1 秒間あたりの落下距離になおすと，落下距離は時間の二乗に比例し，さらに 1 分は 60 秒ですから，60^2 でわって，

$$15\text{ パリフィート } 1\text{ インチ } 1\frac{4}{9}\text{ ライン／秒}$$

になります．ニュートンは，この計算結果を実測値と比較しました．振り子を使ったホイヘンスの詳しい実験結果によると，地球上での物体の落下距離は，

$$15\text{ パリフィート } 1\text{ インチ } 1\frac{7}{9}\text{ ライン／秒}$$

でした．非常によい一致を見たわけです．

ニュートン自身，高らかに次のように結論づけています．

> それゆえ，月がその軌道にたもたれる力は，地球の表面まで降りてきたときには，われわれのいるところでの重力に等しくなり，したがって，われわれが通常重力と呼んでいる力そのものである．

つづいて，ニュートンは，考察の範囲を，惑星の運動にまで拡張しました．逆二乗法則によって，ケプラーの第 3 法則をもみごとに説明したのです．

この説明は，『プリンキピア』の第 1 編の第 2 章「向心力を見い出すことについて」と第 3 章「離心円錐曲線上の物体について」で詳しく述べられています[8]．しかし，ニュートンは，幾何学的に記述しているので，解析的方法に慣れている現代人にとっては，なじみにくく，数多くの命題・定理とその証明をひとつひとつ追跡することは実際のところ容易ではありません．ただ，その手順を簡単に述べるにとどめますと，まず，第 2 章の命題 1・定理 1 で，面積速度一定の法則を，命題 2・定理 2 で，そのときの力は中心力であることを述べ，さらに，第 3 章の命題 11・問題 6 で，物体が楕円上を回転するとき，楕円の焦点に向かう向心力は距離の二乗に反比例することが，証明されています．初等物理の教科書などでは，惑星の軌道を円軌道とし，逆二乗法則で示される引力が向心力に等しいとおいて，ケプラーの第 3 法則を解析的に導き出しています．楕円軌道としての扱いも，同様にして可能であることはいうまでもありません[9]．

3. オイラーの逆二乗法則の論証

ここで,逆二乗法則計算のひとつのおもしろい方法があったことも付け加えておきます.それは,エーテルの圧力差から求めようとするオイラーの方法です.この内容はオイラーの草稿『自然哲学序説』(1750 年頃執筆,1862)の命題 142 で述べられています[10].

オイラーによれば,地球の中心から距離 r にあるエーテルの圧力 $P(r)$ は,

$$P(r) = h - \frac{A}{r}$$

で示されます.ここで,h は,地球から無限に離れたところにあるエーテルの圧力,A はある定数です.このとき,地球から r の距離にあり,底面積が a^2,高さが b の体積に相当する物体の重力 F は,この底面と上面でのエーテルの圧力差より,

$$F = a^2 P(r+b) - a^2 P(r) = \frac{Aa^2 b}{r(r+b)}$$
$$\simeq Aa^2 b \cdot \frac{1}{r^2} \propto \frac{1}{r^2}$$

と導かれます.ただし,$b \ll r$ として計算しています.こうして,重力の逆二乗法則が得られるというのです.

4. 宇宙的規模の距離における逆二乗法則の検証

さて,重力の逆二乗法則の検証実験の歴史は,静電気力の逆二乗法則のそれに比べると浅く,とくに,実験室規模の実験は,最近のものです.その原因としては,重力は静電気力に比べて非常に弱いものである上に,2 物体間の重力を測定しようとしても,周囲の物体の影響があって,測定できなかったことが考えられます.あるいは,また心理的なものとして,この法則がニュートンによって確立されて,天界の運動をあまりにもみごとに説明できたために,ゆるぎない信頼をおきすぎたということもあるかもしれません.いわゆる,比例定数に相当する万有引力定数 G の測定実験は,キャベンディシュの実験に始まり,

その後も根気強くおこなわれているのに比べて[11]，逆二乗法則の検証実験そのものの例は少ないのです．

一口に，逆二乗法則の検証実験といっても，どのような距離の範囲における実験であるかを区別しなければなりません．

距離が大きな宇宙的規模の距離の範囲（～10^{11} m）における検証は，比較的容易でした．

太陽系の惑星の運動を考えるとき，惑星にはたらく引力が正確に逆二乗法則にしたがえば，惑星はケプラーの法則にしたがって，一定の楕円軌道を描きます．ところが，逆二乗法則からのずれがあると，その時の楕円軸が回転するということが数学的に導かれます．これは，近日点移動といっているものです（図 1-2）．実際に，惑星の運動を観測すると，この現象が見られます．この問題を，その惑星には他の惑星か

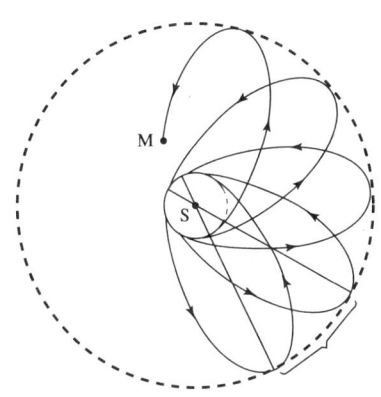

図 1-2　水星の近日点移動

らの引力も作用しているために，逆二乗法則からのずれが現れるとする摂動論にて，ほとんどの惑星について説明できました．ただ水星については，なお，誤差が見られたのです．それは，100 年間に，角度で 43 秒程度の小さなものでした．地平線から天頂までの角度が 90 度で，その 60 分の 1 のさらに 60 分の 1 が 1 秒の角度ですから，この角度がいかに小さいかがわかります．そして，この問題は，1845 年，ルヴェリエが手がけた 19 世紀の大きな問題のひとつで，20 世紀にもちこされていた問題です．

この問題を解決したのが，アインシュタインでした（1915）．太陽にもっとも近い水星においては，太陽の重力場が強くて，一般相対論にて解きうる問題であったのです．アインシュタインの方程式のシュワルツシルド厳密解（1916）にもとづいて，近日点移動の角度 δ を算出すると，

$$\delta = \frac{6\pi GM}{c^2 a(1-e^2)}$$

が得られます[12]．ここで，Gは万有引力定数，Mは太陽の質量，cは光速度，aは楕円の長軸半径，eは離心率です．

ここで，水星の場合，上式で100年間の角度を計算してみると，$100\delta = 43.03$秒とみごとに一致したのです．

このような歴史的事情をかえりみるとき，水星の近日点移動の証明は，一般相対論の検証であるとともに，逆二乗法則の検証でもありました．しかしながら，19世紀から20世紀初頭のこれらの実験は，必ずしも逆二乗法則の検証を一義的なものにはしていなかったようです．

マイケルセンらの検討（1977）によれば，逆二乗法則からのずれqは，$q = \pm 2 \times 10^{-8}$（$\sim 10^{11}$ m）であるという結果が得られています[13]．

5．実験室規模の距離における逆二乗法則の直接的検証

次に，実験室規模の近距離における逆二乗法則の検証実験は，近年やっと始まったばかりです．

地球上の近距離における検証実験が，何ゆえに難しいかというと，すでに述べた通り，重力の大きさが非常に小さいということの他に，地球上の他の物体

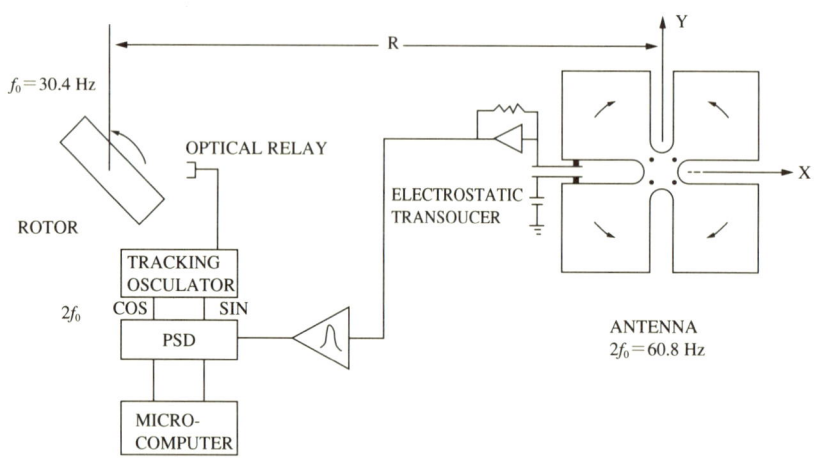

図1-3　平川らの実験装置

がおよぼす力をさえぎることができないからです．2 物体間の力を測定しようとしても，必ず周囲の物体の影響を受けてしまうからです．

この問題を平川ら[14, 15]は，重力源の物体を回転させることによって，重力波を放射させて，それを増幅して検出する方法で解決しました（図 1-3）．これによって，信号と周囲の物体による雑音とを識別したのです．まず，1980年，距離 2.2〜4.2 m の範囲で測定をおこない，実験データを最小二乗法にて解析して，逆二乗法則からのずれ q として，

$$q = \pm 5.3 \times 10^{-2}$$

を得ています[16]．つづいて，1982 年には，測定距離を 2.6〜10.7 m に広げて，同様な実験をおこない，その精度を 1 桁高めて，

$$q = (2.1 \pm 6.2) \times 10^{-3}$$

の値を得ています[17]．

6. 万有引力定数 G の測定と逆二乗法則の間接的検証

実験室において，万有引力の直接測定から逆二乗法則を検証する実験がおこなわれるにいたった背景には，万有引力定数 G の精密値が得られるようになって，この定数 G がほんとうに定数であるのか疑いがもたれるようになったことがあります（表 1-1）．言い換えますと，逆二乗法則の分母の 2 の部分だけでなく，比例定数部分の G 値の厳密性[18]にも疑問が投げかけられるようになったということです．G 値の測定は 1 m 以下のごく近距離における実験でなされていますので，このことは，この距離における逆二乗法則の検証につながる問題でもあります．

その疑いは，ロング[19]（1974）によって出されました．彼は，それまでに得られていた信頼できる G 値の測定結果を，実験の際の距離との関係において分析をおこなったのです．このときとりあげられた実験は，ポインティング（1891），ボイス（1895），ブラウン（1896），リチャーズら（1897），ヘイル（1930），ヘイルら（1942），そしてローズら（1969）の各実験でした．その結果，G の大きさに系統的なずれがあることを主張したのです．つまり，

$$G(r) = G_0 \left(1 + \varepsilon \log \frac{r}{r_0} \right) \qquad (r_0 = 1 \text{ cm})$$

なる関係式が成り立つとし，ずれ ε として，

$$\varepsilon = (20 \pm 4) \times 10^{-4}$$

を得たのです．

　一方，理論研究の立場からも，万有引力のポテンシャル ϕ には，$1/r$ の項，つまり $\phi = GM/r$ に付加項があるかもしれないということが指摘されていました．たとえば，α と μ をある定数として，

$$\phi = GM \frac{1 + \alpha e^{-\mu r}}{r}$$

なる ϕ の式が出されていました．

　ここで，ポテンシャル ϕ とは，力を F として，

$$F = -\frac{d\phi}{dr}$$

で定義される量で，一種の位置エネルギーをあらわすものです．$\phi = GM/r$ であるなら，逆二乗法則が成り立ちますが，付加項があるなら，逆二乗法則，

表1-1　万有引力定数 G の測定実験[11]

	年代	G 〔$\times 10^{-11}$ Nm²/kg²〕
キャベンディシュ	1798	6.75
ベイリー	1852	6.48
ライヒ	1852	6.589
コルニュら	1872	6.617
フォン・ヨリー	1878〜80	6.463
ウィルシング	1886〜88	6.594
ポインティング	1891	6.698
ボイズ	1895	6.658
ブラウン	1896	6.656
エートヴェシュ	1896	6.629
リチャーズら	1897	6.685
バーゲス	1901	6.409〜6.676
ヘイル	1930	6.6721±73
ヘイルら	1942	6.6720±49
ローズら	1969	6.674±3
ポンチキス	1972	6.67145±10
ルターら	1976	6.6699±14

ひいては万有引力定数 G の一定性の否定につながる重要な問題なのです．こうして，いろいろな実験や検討が推し進められました．

たとえば，スペロら[20]の実験があります（1980）．いま，逆二乗法則が成り立てば，周囲を一様な物質で囲まれた物体には力がはたらかないというガウスの定理が万有引力についてもあてはまるので，その内部の空間のポテンシャルは一定になるはずです．そこで，内部の空間のポテンシャルがほんとうに一定であるかどうか，そのずれの程度をくわしく調べたのです．その結果得られたずれ ε は，

$$\varepsilon = (1 \pm 7) \times 10^{-5} \qquad (2\,\text{cm} < r < 5\,\text{cm})$$

でした．これはロングの値より 2 桁も小さくなっています．つまり，万有引力定数 G は，距離に関して 10 万分の 1 程度の誤差で一定とみなしてよいということなのです．

他に，ねじれ秤を用いた実験も，パノフら[21]（1979），ホスキンスら（1983）などによっておこなわれました．パノフの実験では，誤差の範囲で逆二乗法則にしたがうという結果が得られ，ホスキンスの実験では，ずれ ε は，

$$\varepsilon = (-1 \pm 3) \times 10^{-4}$$

という結果が得られています．

7．逆二乗法則の精度

ニュートンによって確立された重力の逆二乗法則の精度は，逆二乗法則からのずれを q とおくとき，宇宙的規模の距離～10^{11} m の範囲では，

$$q = \pm 2 \times 10^{-8}$$

とかなり高いですが，静電気力のそれと比べると 10^8 倍，つまり 1 億倍も大きな値です．実験室規模の距離 2.6～10.7 m の範囲にいたっては，

$$q = (2.1 \pm 6.2) \times 10^{-3}$$

と逆二乗法則の精度は，現在のところきわめて低いのです．言い換えると，$1/r^2$ の分母の 2 は，1.9917～2.0083 の範囲にあるということです．なお，1 m 以下のもっと近距離における検証実験としては，万有引力定数 G の測定実験が間接的にこれを意味しているといえます．いずれにしても，大局的に見るな

らば，寺田寅彦がその重要性を指摘した逆二乗法則は，かなり広範囲の距離の範囲において，ほぼ成り立っているといってよいでしょう（表1-2）．

表1-2 逆二乗法則からのずれの測定実験

	年代	逆二乗法則 ($1/r^{2+q}$) からのずれ q	備考
ルヴェリエ	1845	—	水星の近日点移動を解析
アインシュタイン	1915	—	この現象を一般相対論にて説明
マイケルセンら	1977	$\pm 2 \times 10^{-8}$	$\sim 10^{11}$ m
平川ら	1980	$\pm 5.3 \times 10^{-2}$	2.2〜4.2 m
平川ら	1982	$(2.1 \pm 6.2) \times 10^{-3}$	2.6〜10.7 m

──── 文　献 ────

1) 本書は，大正9年（1920）11月に稿を起こしたものの，未刊のまま著者の書斎に保存されていたが，昭和21年（1946），岩波書店より発刊された．
2) 西條敏美：「クーロン法則の検証実験の系譜」，『教材研究物理』No.13, 1-7（数研出版，1982）本書　第11章．
3) E. R. Willaims, J. E. Faller and H. A. Hill : "New Experimental Test of Coulomb's Law", *Phys. Rev. Letters*, 26, 721-724（1971）．
4) ウェストフォール著，田中一郎・大谷隆昶訳『アイザック・ニュートン』全2冊（平凡社，1993）．本書はもっとも詳しいニュートン伝．
5) 解説として，たとえば，カジョリ著，武谷三男・一瀬幸雄訳『物理学の歴史』（東京図書，1964）上巻 pp.89-90．フィールツ著，喜多秀夫・田村松平訳『力学の発展史』（みすず書房，1977）pp.89-104．
6) 玉木英彦・板倉聖宣著『現代物理学の基礎』（東京大学出版会，1960）p.52．
7) ニュートンの『プリンキピア』の日本語訳は，これまでに3種類出ている．岡邦雄訳『プリンシピア』世界大思想全集6（春秋社，1930）．河辺六男訳『自然哲学の数学的諸原理』世界の名著26（中央公論社，1971）．中野猿人訳『プリンシピア』（講談社，1977），河辺訳では pp.425-426．なお，『プリンキア』の解説書として，チャンドラセカール著，中村誠太郎訳『チャンドラセカールのプリンキピア講義』（講談社，1998）も出ている．
8) ニュートン著，河辺六男訳，pp.97-121．
9) たとえば，山本義隆著『重力と力学的世界』（現代数学社，1981）pp.69-72．
10) 山本義隆著，前掲書，pp.244-245．
11) 西條敏美著『物理定数の探究史』（徳島科学史研究会，1996）pp.1-9．
西條敏美著『物理定数とは何か』（講談社ブルーバックス，1996）pp.11-33．
12) たとえば，内山龍雄著『一般相対性理論』（掌華房，1978）pp.233-237．

13) D. R. Mikkelsen and M. J. Newman : "Constraints on the Gravitational Constant at Large Distances", *Phys. Rev.*, D16, 919-926（1979）.
14) 研究者みずからの解説がある．平川浩正：「ニュートンの万有引力」,『科学の実験』Vol.30, No.12, 981-985（1979）.
15) 平川浩正：「万有引力の法則の検証」,『日本物理学会誌』Vol.39, No.2, 102-108（1984）.
16) H. Hirakawa, K. Tsubono and K. Oide :"Dynamical Test of the Law of Gravitation", *Nature* 283, 184-185（1980）.
17) Y. Ogawa, K. Tsubono and H. Hirakawa :"Experimental Test of the Law of Gravitation", *Phys. Rev.*, D26, 729-734（1982）.
18) 黒田和明：「万有引力定数 G の測定制度は4桁でよいか？」,『日本物理学会誌』Vol.52, No.10, 752-758（1997）.
19) D. R. Long : "Why do we believe Newtonian Gravitation at Laboratory Dimensions?", *Phys. Rev.*, D9, 850-852（1974）.
20) R. Spero et al. : "Test of the Gravitational Inverse- Square Law at Laboratory Distances", *Phys. Rev. Letters*, 44, 1645-1648（1980）.
21) V. I. Panov and V. N. Frontov : "The Cavendish Experiment at Large Distances", *Sov. Phys. JETP*, 50, 852-856（1979）.

第2章
アトウッドとその器械
── その構造と実験目的 ──

40歳のころのガリレイ（1564〜1642）

ガリレイの斜面の実験　中央に立つ黒衣の鬚をはやした人物がガリレイ

1. とりあげられなくなったアトウッドの器械 [1~3]

　自由落下する物体の運動を直接に研究することは難しい．落下運動の加速度があまりに大きすぎて，瞬時にして落下してしまうからです．そこで，ガリレイは，斜面にそって物体をころがすことにより，実効的な加速度を小さくすることで落下の法則を見い出しました．アトウッドは，さらにみずから開発した装置を使って落下法則を確認するとともに，重力加速度 g の値をも算出したといわれます．

　彼の装置は，アトウッドの器械としてよく知られていますが，原装置がどのようなものであり，どのような実験をおこなったかとなると，必ずしもはっきりしません．最近の物理学書にほとんどとりあげられなくなりましたし，科学史書においても，状況はあまりかわりません．かの大部なダンネマンの『大自然科学史』[4] にも，アトウッドの名前すら出ていません．

2. 人間アトウッド [5]（1746~1784）

　アトウッドは，1746年ロンドンに生まれました．1769年には，ケンブリッジのトリニティ，ウエストミンスター大学を卒業しました．このトリニティ大学のフェローに選ばれ，1769年から1784年までチューターの職にありました．1784年没．

　今日，アトウッドの器械の名で呼ばれるものは，1784年の『物体の直進運動と回転に関する論考』[6] という著書の中で発表されました（図2-1）．ほかに，『自然哲学の原理に関する講義課程の分析』（1784），『因子計算に関する論考』（1786），『アーチの建設に関する論考』（1801）などの著書があります．

　アトウッドは，演示実験を多く取り入れ，流暢でゆとりのある話しぶりと実験の巧みな説明という点で卓越していたといわれています．

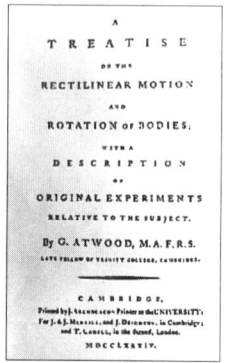

図2-1　アトウッド著『物体の直進運動と回転に関する論考』(1784)の扉

3. アトウッドの器械の構造

アトウッドの原器械は，かなり複雑なものです（図 2-2）．模式化して，その原理を説明してみます（図 2-3）．

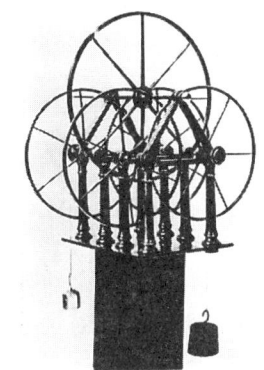

図2-2 アトウッドの装置，左はアトウッドの原著（1784）についているもの，右は19世紀につくられたもの．

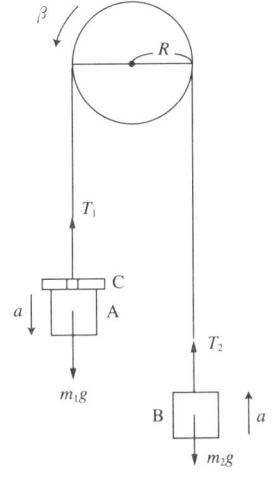

図 2-3 アトウッドの装置の原理

中心の滑車にやわらかい絹糸をかけ，その両端に2つのおもりA，Bをつるします．この滑車の軸棒は，両側それぞれ2つずつ支持滑車で支えられています．この方式の軸受は，摩擦をできるかぎり小さくする方法として広く用いられていました．つるした2つのおもりの質量が同じであれば，静止状態を保つか等速直線運動をします．アトウッドは，2つのおもりの質量がわずかに異なるようにしました．そうすると，

小さな加速度で運動をおこなわせることができ，測定が容易になるからです．このために，アトウッドは，薄くて小さな穴のあいた円盤のおもり C を用意して，おもり A, B の上端に載せるようにしました．円盤のおもりは，1/4 オンス（約 7.1 g）を m と名づけて単位として，4 m, m, m／2 の 3 種類用意しました．おもり A, B を合わせた全質量は，60 m 程度でした．

アトウッドが扱った物理量は，加速度運動する物体の全質量 M，加速力 F，落下距離 h，落下時間 t，この間に得た速度 v の 5 つでした．

このうち落下距離 h は，本器械の支持棒のところに刻まれたスケールから直接読みとりました．落下時間 t を測定するために，支持円柱のところに秒を正確に刻む時計が取りつけられています．歯車の止め金をゆるめるとカチカチという音が聞こえます．最初の一刻みの音を聞いた瞬間に物体を放して運動を開始させ，物体が支持棒の下部に取りつけられている台に当たる瞬間，次の一刻みの音を聞くようにしました．

加速されたあとの速度 v は，次のようにして測定されます．おもり A は上に小さな円盤 C をのせて落下しますが，一定の距離 h 落下したところで円盤 C が取り除かれるようにしました．すると，この最終速度 v で等速運動をつづけます．等速運動した距離 h_0 と時間 t_0 を同様な方法で測定すれば，$v = h_0 / t_0$ より求められます．

4．アトウッドの実験原理と内容

本実験の原理を今日的表現で整理してみます．

小さな円盤のおもり C を載せた結果，2 つの物体の質量が m_1, m_2 ($m_1 > m_2$) になって，加速度 a で運動を始めたとしますと，糸の張力を T_1, T_2 として，運動方程式は，それぞれ

$$m_1 a = m_1 g - T_1 \tag{1}$$
$$m_2 a = T_1 - m_2 g \tag{2}$$

と書けます．一方，滑車の運動方程式は，角加速度を β，滑車の半径を R，慣性モーメントを I として，

$$I \beta = T_1 R - T_2 R \tag{3}$$

第2章 アトウッドとその器械

と書けます.また,
$$a = R\beta \tag{4}$$
が成り立つことに注意して,4つの式から,
$$a = \frac{m_1 - m_2}{m_1 + m_2 + I/R^2} g \tag{5}$$
$$= \frac{m_1 - m_2}{m_1 + m_2 + M} g \tag{6}$$
が得られます.ただし,$M = I/R^2$ でおきかえました.

アトウッドは,$m_1 - m_2$ を加速力とみなしました.ここでは,$F = (m_1 - m_2)g$ を加速力とします.また,全質量を $\Sigma M = m_1 + m_2 + M$ とおけば,式(6)は,
$$a = F / \Sigma M \tag{7}$$
と書けます.

したがって,t 秒後の落下距離 h,速度 v は,
$$h = \frac{1}{2} at^2 \tag{8}$$
$$v = at \tag{9}$$
で与えられます.また,
$$v^2 = 2ah \tag{10}$$
の関係が成り立ちます.

式(7)(8)より,
$$F = \frac{2 \Sigma M h}{t^2} \tag{11}$$
の関係も導かれます.

アトウッドは,本装置を用いてひとつひとつていねいに演示実験をおこないました.

① 具体的な実験例として,加速力 $F = mg$ で,全質量 $\Sigma M = 64m$ にすれば,静止状態から1秒間の落下距離は3インチであることを示しました.

この結果から重力加速度 g を求めますと,式(7)より
$$a = mg / 64m = g / 64$$
で,一方式(8)より $h = a/2 = g/128$ となります.$h = 3$ インチ $= 7.62$ cm

ですから，

$$g = 128 \times 7.62 = 975 \text{ cm/s}^2$$

を得ます．他に次のようなことを示しました．

② 全質量ΣMと加速力Fを一定にすれば，落下距離hは時間の二乗t^2に比例すること（式(7)(8)参照）．
③ 全質量ΣMと時間tを一定にすれば，落下距離hは，加速力Fに比例すること（式(7)(8)参照）．
④ 全質量ΣMと落下距離hを一定にすれば，落下時間tは，加速力Fの平方に反比例すること（式(7)(8)参照）．
⑤ 全質量ΣMと加速力Fを一定にして，時間tかかって距離hだけ落下した物体がこのとき得られた一定速度のままで，同じ時間tの間運動をつづけた場合，このとき運動した距離は$2h$であること（式(7)(8)参照）．
⑥ 全質量ΣMと加速力Fを一定にすれば，静止状態から得られた速度vは，落下時間tに比例すること（式(7)(9)参照））．
⑦ 全質量ΣMと落下時間tを一定にすれば，静止状態から得られた速度vは，加速力Fに比例すること（式(7)(9)参照）．
⑧ 全質量ΣMを一定にして，1単位時間について3単位の力が作用し，2単位時間に4単位の力が作用したならば，各場合に得られた速度の比は$3:8$であること（式(7)(9)参照）．
⑨ 全質量ΣMと落下距離hを一定にすれば，静止状態から得られた速度vは，加速度aの平方に比例すること（式(7)(10)参照）．
⑩ 落下距離hと静止状態から得られる速度vを一定にすれば，加速力Fは，全質量ΣMに比例すること（式(7)(10)参照）．
⑪ 全質量ΣMと加速度aを一定にすれば，静止状態から得られる速度vは，落下距離hの平方に比例すること（式(7)(10)参照）．
⑫ 落下物体が初速度v_0をもつ場合，静止するまでの落下距離hは，抵抗力Fに反比例すること．

5. アトウッドの実験目的

アトウッドの実験の目的は，本装置を用いて重力加速度 g を求めるところにあったといわれますが，それだけではありません．原著が出たのは 1784 年で，ニュートンの『プリンキピア』(1687) 刊行後 100 年もたっていましたが，ベルヌイ，ライプニッツ，ポレニスは運動の法則の妥当性について攻撃を加えました．アトウッドは，精密な装置をみずから開発し，巧妙に実験をおこなうことにより，運動の法則が経験則として確かに成り立っていることを証明しようとしたのです．ひとつひとつていねいに吟味検討しているのは，そのあらわれです．アトウッドの言明を次に記して，結びとします．

これら三つの物理学上の命題は，運動の原理と考えられてきたわけであるが，それらによって力学という科学は数学的な確実性へと還元される．それは単に，それらの法則からアプリオリに演繹される運動に関する無数の性質が，厳密に整合的であるということばかりでなく，それらが事実の世界とぴったり一致するからである．

――――― 文　　献 ―――――

1) ハンソン著，村上陽一郎訳『科学的発見のパターン』(講談社学術文庫，1986) pp.212-221.
2) T. B. Greenslade : "Atwood's Machine", *The Physics Teacher* (Jan. 1985) pp.24-28.
3) 板倉聖宜編『理科教育史資料』第 5 巻（東京法令，1987）pp.128-156,「アトウッドの落下実験器とその後の動力学実験教材」．
4) ダンネマン著，安田徳太郎訳『大自然科学史』全 13 巻（三省堂，1977～1980）．
5) *World Who's Who in Science* (Marquis-Who's Who, Inc., 1968) p.75.
6) G.Atwood : *A Treatise on the Rectilinear Motion and Rotation of Bodies, with a Description of Original Experiments Relative to the Subject* (1784).

第3章
運動物体がもつ「力」を
いかに表わすか
―― カントの『活力測定考』に見る活力論争 ――

デカルト (1596〜1650)

ライプニッツ (1646〜1716)

ダランベール (1717〜1783)

カント (1724〜1804)

1. 活力論争とカント

運動している物体は「力」を持っており，他の物体を押しのけたり，動かしたりするという表現は，日常生活においてよく使われていて，違和感を感じません．この力の大きさを測定するのにはどうすればよいか，それには相手の物体への作用の程度を調べるとよいでしょう．これは，そのときの物体の質量と速度に比例するであろうことは容易に察しがつきます．

よく知られているように，デカルトは，1644年，質量 m の物体がもつ力は，速度 v に比例するとし，mv を力の測度としました．そして，「運動の力」vis motus と名づけました．一方ライプニッツは，1684年，この力は速度 v の二乗に比例するとし，mv^2 を力の測度として「活力」vis viva と名づけました．ここに両派に分かれて数十年間におよぶ論争の火蓋が切られました[1]．

この論争に自然科学に深い関心をもち，ライプニッツと同国のカントが無関心でいられるはずがなく，1746年22歳の若きカントは，処女論文『活力測定考』を著しました．この論文において，カントは両派の争点を明らかにするとともに，みずから新たな測定法を提出しています．

本論文は，これまであまりとりあげられていないようです．科学史の通史や諸研究，たとえば，プランク[2]（1887）やオストワルト[3]（1912）のエネルギー史の古典的著作やマッハの力学[4]（1883）においてさえ，カントについては1行の言及もありません．ダンネマン[5]（1920～23）では，さすがに「カントさえも，活力の測定に関する一書を公にしながら，その原理のことは述べていない」とひとこと紹介があります．ヤンマーの著作[6]（1957）ではやや詳しく紹介されていますが，内容にまでは立ち入っていません．わが国では，桑木[7]（1924）がいちはやく本論文を紹介していますが，それに続く研究は出ていません[6]．中川[8]（1973, 78）の論文でも，カントはとりあげられていません．一方，カント研究者による科学論に関する著作[9,10]を見ても，『自然科学の形而上学的基礎』（1786）が頻繁にとりあげられ，それにもとづいてカントの自然科学上の諸概念が哲学的に分析されますが，本論文はあまりとりあげられてはいません．また，物理教育[11~14]の立場から活力論争がとりあげられる場合でもカントが引き合いに出されることはほとんどありません．『活力測定考』は，

自然科学畑からも哲学畑からもそして教育畑からも省みられていないように思われます.

しかしながら,『活力測定考』をひもとけば活力論争の実態が具体的によくわかります. 本著作は論争の渦中の時代に書かれた長大な論文ですので, デカルト派, ライプニッツ派の同時代の多数の専門家の考察が引用されています. どのような人々がどのようにかかわったかを具体的に知ることができます.

ここに, カントの眼を通して, 活力論争の争点と力の概念について見てみたいと思います.

2.『活力測定考』の評価

カントの三大批判の書,『純粋理性批判』(1781, 51歳),『実践理性批判』(1788, 64歳),『判断力批判』(1790, 66歳) をはじめ,『自然科学の形而上学的原理』(1786, 62歳) など哲学的著作は, カント晩年の著作ですが, 自然科学的著作は, 青年期から壮年期にかけて著されたものです.

『活力測定考』は, 彼の22歳から23歳にかけての労作で, 1746年ケーニヒスベルク大学に卒業論文として提出されました. 同年印刷に回され, 1746年刊と記されていますが, 諸般の事情で実際に出版されたのは1749年とされています. 正確な表題は, 「活力の真の測定についての考察, およびこの論争においてライプニッツ氏ならびに他の力学者たちが用いた証明の評価, それらに先だち, 物体の力一般に関する二, 三の考察を付す」とずいぶんと長いものです. 理想社版『カント全集』第1巻[15] (1966) には, 他の自然科学論文とともに, 本論文が収められています. 日本語訳にして, 全232ページにおよぶ大論文です.

本論文に対する評価は, 必ずしも高いものとはいえません. その原因は, おおむね次の2点に集約されます.

そのひとつは, カントが本論文を著す3年前の1743年, ダランベールは,『力学論』[16]の序文において, 活力論争が「まったく取るに足りない形而上学的論争」か「言葉上の論争」にすぎないと裁断し, 活力論争が収束する方向に向かっていたのに, カントは活力論争を正面からとりあげ, しかもみずから新し

い活力測定法を提出していることがあげられます．カントの本論文にはたくさんの引用文献がついており，とりあげられた学者の数は 30 人にも達するのに（**表 3-1**），ダランベールはとりあげられていません．ダランベールと同国のフランス学派の著作は引用されているのに，『力学論』が引用されていないので

表3-1 『活力測定考』で引用された科学者

人　名	生　没　年	国　籍	備　考
アリストテレス	384～322（B.C.）	古代ギリシャ	
デカルト	1596～1650	フランス	デカルト派
カトラン	？～？	フランス	デカルト派
カヴァリエーリ	1598～1647	イタリア	
リッチョーリ	1598～1671	イタリア	
ウォリス	1616～1703	イギリス	
マリオット	1620～1684	フランス	
ホイヘンス	1629～1695	オランダ	
レン	1632～1723	イギリス	
ニュートン	1642～1727	イギリス	
ライプニッツ	1646～1716	ドイツ	ライプニッツ派
パパン	1647～1712	フランス	デカルト派
ヤコブ・ベルヌイ	1652～1705	スイス	ライプニッツ派
リヒトシャイト	1661～1707	ドイツ	ライプニッツ派
ヨハン・ベルヌイ	1667～1748	スイス	ライプニッツ派
メーラン	1678～1771	フランス	デカルト派
ヘルマン	1678～1733	スイス	ライプニッツ派
ヴォルフ	1679～1954	ドイツ	ライプニッツ派
ポレニ	1683～1761	イタリア	ライプニッツ派
ジュリン	1684～1750	フランス	デカルト派
スグラーヴェザンデ	1688～1742	ドイツ	ライプニッツ派
リヒター	1691～1742	ドイツ	ライプニッツ派
ミュッセンブルーク	1692～1761	オランダ	ライプニッツ派
ビルフィンガー	1693～1750	ドイツ	ライプニッツ派
ハンベルガー	1697～1755	ドイツ	ライプニッツ派
ゴットシェト	1700～1766	ドイツ	ライプニッツ派
ダニエル・ベルヌイ	1700～1782	スイス	ライプニッツ派
ボーリウス	1703～1785	ドイツ	ライプニッツ派
シャトレ夫人	1706～1749	フランス	デカルト派
クヌッツェン	1713～1751	ドイツ	ライプニッツ派

他に，セネカ，ヴェルギリウス，アエネーイス，ホラティウスなどの古代作家の詩句の引用がある．

す．刊行まもない『力学論』に気がつかなかったのか，気がつき読んでみたもののそのときすでに自分の論文が完成していたのであえて引用しなかったのか，そこのところははっきりしませんが，この点が本論文の評価を低いものにしています．

もうひとつは，自然科学の論文としては失敗していることがあげられます．『活力測定考』の訳者は，いみじくも次のように評価しています．

> 二つの測度をともに認めようとする場合に彼の考え方の根本に致命的欠陥があった．そのために，彼は mv^2 があてはまらぬ場合にあてはまるとし，あてはまる場合にあてはまらぬとするなどの誤った議論を展開してしまっている．その点では，自然科学の論文としてはカントの本論文はまったく失敗作であったことは認めざるをえないのである．

しかしながら，「カントを誤らせた原因の一半は，当時の考え方のうちに求められ，カントばかりを責めるわけにはいかない」というのもほんとうです．マイナス面があるにせよ，活力測定問題に正面から取りくんだ一書を残してくれたそのことに，マイナス面をさしひいてもあまりがあります．

3．『活力測定考』の大要

本論文の構成は，次のようになっています．
献　辞
緒　言
第1章　物体の力一般について
第2章　ライプニッツ学派の活力の学説の検討
第3章　自然における真の力の測度として活力の新たな測定法を提唱する

緒言では，真理に立ち向かう基本姿勢を明らかにし，活力論争の概要を記しています．

> これまでのところ活力論争においていずれの側に勝ちみが多いかというこ

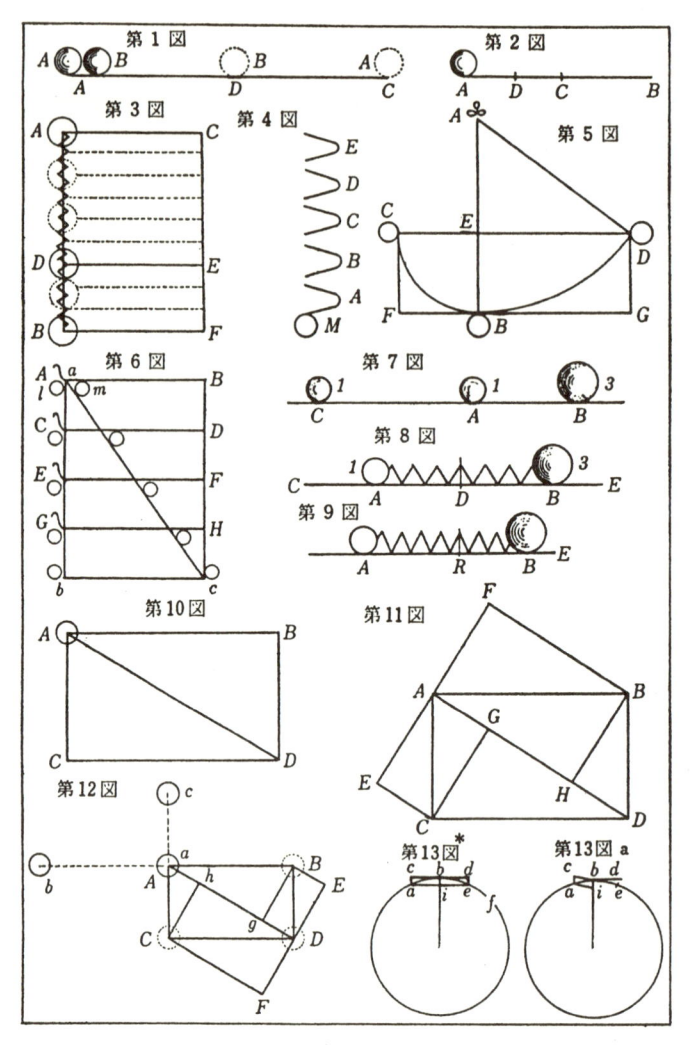

図 3-1 『活力測定考』

第1・2図　2物体の衝突問題　第3図　落体がばねを押し縮める現象　第4図　5個のばねを押し縮める問題　第5図　途中短い半径で振り上がる単振り子　第6図　自由落下とばねにより斜面にそう運動の比較　第7図　3物体の衝突問題　第8・9図　ばねをはさんだ2物体の衝突問題　第10図　速度の合成を説明する図　第11図　力の合成を説明する図　第12図　互いに直角に進んできた2物体の衝突問題　第13図　円運動をする物体が重力に対しておよぼす作用を説明する図　第14図　曲面と秤の腕を持つ機械じかけ（ライプニッツの証明法）

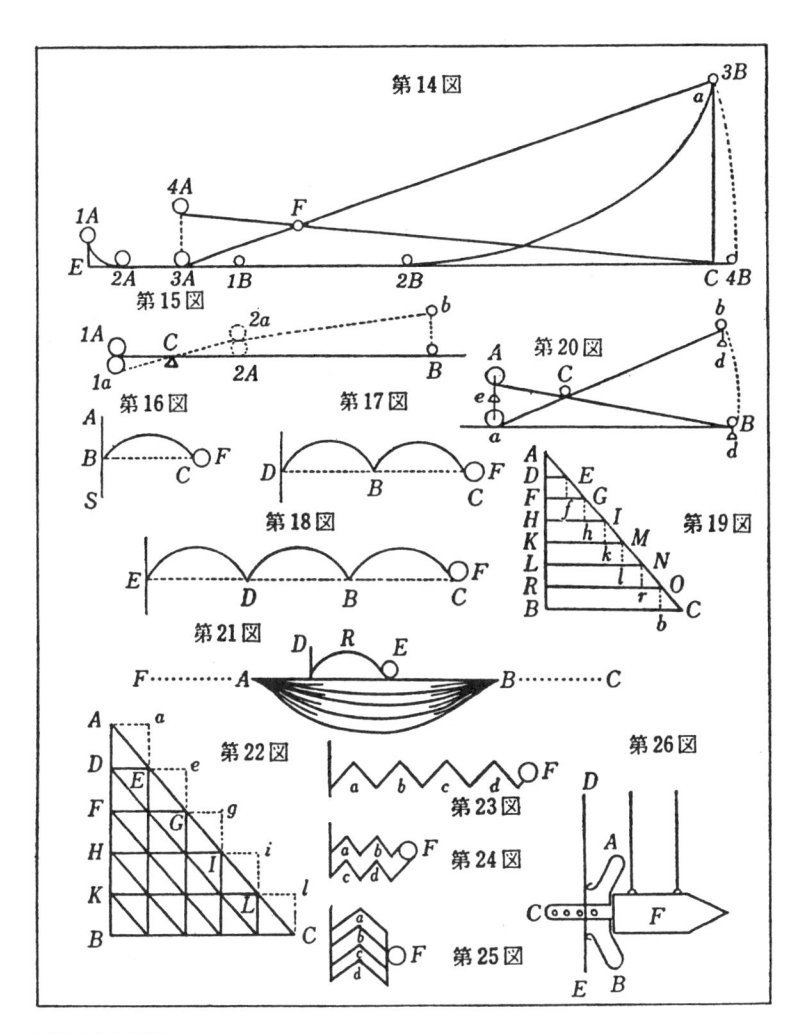

第3章 運動物体がもつ「力」をいかに表わすか

に添付された図版

第15図 完全剛体の槓杆による力の作用を説明する図　第 16～19 図　ばねの弾性力で突き動かされる物体の運動　第 20 図　斜めに傾いた天秤による力の作用を説明する図　第 21 図　小舟の上でばねの弾性力で突き動かされる物体の運動　第 22 図　鉛直投射された物体が途中でばねを押し縮める場合の力の作用を説明する図　第 23～25 図　ばねの接続の違いによる力の効果を説明する図　第 26 図　ばねの弾性力で振り上げられる物体

とは実に困難な問題である．ベルヌリ氏父子，ライプニッツ氏，ヘルマン氏はドイツの哲学者の先頭に立って勢威を張り，他のヨーロッパの学者たちの威望をもってしてもなかなか負けてはいなかった．これらの人々は幾何学のあらゆる武器を手中に収めて，ひとり自分たちの見解を高らかに誇示した．デカルトの党派もライプニッツの党派も自派の見解に対して，およそ人間の認識に有し得る限りの確信を抱いていた．いずれの党派とも，相手方が偏見にこりかたまっていることばかりを嘆息し，もし相手側がもっと平静な気持ちで事態を直視する労をいといさえしなければ，こちら側の意見を疑問視することなどは絶対に起らぬはずなのにと思いこんでいた．

そして，カントは，次のように結んでいます．

　私の見解は現在ヨーロッパの幾何学者の間に存する最大の分裂の一つを除去するためにまんざらでもない手がかりを与え得るであろう．しかし確信は思い上がりであろう．確信をもって予言できることはこの論争は遠からずおさまってしまうか，そうでなければ決してやむときはあるまいということである．

第1章では，力という概念を説明し，第2章では，デカルト派，ライプニッツ派があげた力学的問題をひとつひとつとりあげ，それぞれの問題点を明らかにし，カントの考察が加えられています．そのために全部で26の図が添付されています（図3-1）．これらは，水平面上での2物体の衝突問題，物体の落下問題，振り子やばねの問題など身近な問題です．第3章では，2章までの考察をもとにして，カント独自の力の測定法を提案しています．

4．活力論争の今日的評価

次に，『活力測定考』でとりあげられた力学的問題の例をいくつか見てみますが，その前に今日的な眼で活力論争を整理しておきます．多くの学者が数十年にもわたって論争したわりには，今日的に表現すればわずかに数行ですむ内

第3章 運動物体がもつ「力」をいかに表わすか

容です.

　今日の完成された力学において，力とは物体の運動状態を変化させる，つまり物体に加速度を生じさせる外的作用として定義されています.

　質量を m，速度の時間的変化，つまり加速度を dv/dt，外的力を F とすれば，

$$m \frac{dv}{dt} = F$$

と書けます．これがニュートンの運動方程式です．力が一定のとき，両辺の時間積分をおこなえば，

$$mv = Ft$$

距離積分をおこなえば，

$$\frac{1}{2}mv^2 = Fs$$

となります．力 F の作用をそれがはたらいた時間 t との関連で見れば，mv が力の測度となり，同じく力 F が作用した距離 s との関係で見れば，$\frac{1}{2}mv^2$ が力の測度となります．mv と $\frac{1}{2}mv^2$ は，今日では運動量，運動エネルギーの名で呼ばれ，力の効果 Ft，Fs はそれぞれ力積，仕事の名で呼ばれています．

　したがって，デカルト派，ライプニッツ派が唱えた力の測度は，それぞれに正しいといえます．ただ両派の力の概念には，それぞれ時間および距離の概念が含まれていたのです．言い換えると，両派の力の概念から，時間または距離の概念を抜き落としたものが，今日の力の概念であるといえます．

　『活力測定考』を読んでみると，それぞれに両派の考えが入りまじっていて，理解するのに骨が折れます．カントみずからそのことに気づいており，「この両派はあらゆる点から見て力も正しさも均等である．もちろん，相手方の意見がまじっていることもあろう．しかし，いかなる派でも，そのようなものがまったくまじっていない派などあり得るであろうか」と述べています．そしてまた全体を通して，力の時間的効果を見るか，距離的効果を見るかの違いについての記述があちこちに見られます．たとえば，次のようです．

　　ヘルマン氏は重力が自由落下の物体におよぼす効果は落下距離に比例するという結論を出した．これに対して，デカルト派は，重力の効果は停滞した

運動における運動距離に比例するのではなく，物体が落ちないし上へともどって上がるのに要する時間に比例すると主張する．

ここだけを読めば活力論争は解決したように見えますが，そう簡単にはいえません．

5. 『活力測定考』に見る力学的問題の例

カントがとりあげた問題のすべてをここでふたたびとりあげることはできませんし，その必要もないでしょう．2, 3 の例をあげてみます．

例1　落体がばねを押し縮める現象（図3-2）

① ライプニッツ派の説明

無限のばね AB があり，物体が A から B まで落下する際におよぶ重力を表わすとします．重力は空間の各点において同じ圧力を物体におよぼします．この圧力は AC, DE, BF で表わします．これは総計すれば長方形 AF になります．物体は B に達したときはこの圧力の総計，つまり，長方形 AF に等しい力を有します．したがって，D における力と B における力の比は長方形 AE と長方形 AF の比に等しくなります．言い換えれば，これは通過した距離 AD 対 AB の比に等しく，したがって D および B における速度の自乗の比に等しくなっています．

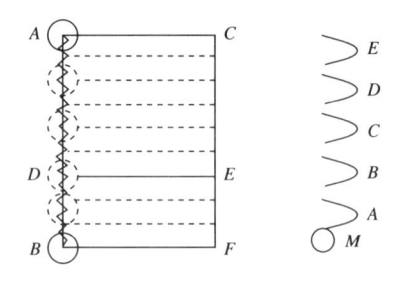

図3-2　落体がばねを押し縮める現象
（原図，第3, 4図）

② デカルト派の説明

5 個の同じ張力をもつばね A, B, C, D, E のうちの 1 つを 1 秒押さえるのと，同じ 1 秒の間に順次この 5 個を皆押さえるのでは同じ力を要します．いま物体 M がばね A を押さえつけている時間，1 秒間を 5 等分するとします．M が 1/5 秒間の 5 倍の長さたる 1 秒の間ずっと押さえつける代わりに，最初の 1/5 秒間だけ A を押さえつけ，次の 1/5 秒間には，同じ張力をもつ B が A に

取りかえられたと仮定しても，この置換によって M が押さえつけるのに要する力には何の相違も起こらないでしょう．なぜならば，A と B とはすべての点で完全に等しく，したがって第 2 の 1/5 秒間に引きつづき A が押さえつけられようが B が押さえつけられようがまったく同じことだからです．同様に，M が第 3 の 1/5 秒間に第 3 のばね C を押すのも，前のばね，つまり B を押すのも同じことです．B も C も何の相違もないから，一方を他方の代わりに押しても差しつかえないのです．したがって，物体 M がただ 1 つのばね A だけを 1 秒間押しつづけるのに要する力は，同じ 1 秒間に 5 個のばねを順次に押すのに要するのと同じだけの力です．同じことは，ばねの数を無限に増やしても押す時間さえ同一ならば，等しくいえます．したがって，費やされた物体の力を測るには，押されたばねに数ではなくして押す時間がその正しい測度となります．

③ カントの評価

　物体の力が重力に抵抗しえた時間によって物体の全効果を測るべきであり，その動いた距離によって測るべきではないことがわかります．デカルトの見解の方が数学的証明において，ライプニッツ氏の法則にまさるということを証明すると信じます．

④ 今日的評価

　カントは，デカルト派を支持していますが，結論的に見れば両派とも正しいといえます．ただデカルト派の説明の仕方には無理があります．1 つのばねを 1 秒間押さえるのと，同じ 1 秒の間に順次この 5 個を押さえるのとでは力は同じとは言えません．微分方程式を立てて今日的にすっきり書けば，次のようになります．ばねの自然長を原点にとり下向きを正にして，運動方程式を立てると，

$$m\frac{d^2x}{dt^2} = mg - kx$$

となり，$t = 0$ で，$x = 0$，$v = v_0$ の初期条件のもとで解くと，変位 x，測度 v，加速度 a は，それぞれ，

$$x = \frac{v_0}{\omega}\sin \omega t + \frac{g}{\omega^2}(1 - \cos \omega t)$$

$$v = v_0 \cos \omega t + \frac{g}{\omega}\cos \omega t$$

$$a = -v_0 \omega \sin \omega t + g \cos \omega t$$

(ただし，$\omega = \sqrt{\dfrac{k}{m}}$)

で与えられます．

　縮みの最大値を h_0，その時刻を t_0 とし，$F = ma$ で計算すれば，

$$\int_0^{t_0} F dt = -mv_0$$

$$\int_0^{h_0} F dx = -mgh_0 - \frac{1}{2}kh_0^2 = -\frac{1}{2}mv_0^2$$

が導かれます．

　つまり，デカルト派もライプニッツ派もともに正しい結論を得ていたのです．ただ微積分表示をすれば議論がかみあわなくなってしまいますが，もちろんこの場合にも，式を立てる前段階では，あるイメージにもとづいて思考をめぐらしていたはずです．力が変数である場合に，言葉だけの説明には限界があるということでもあります．

例2．単振り子（図3-3）
① ライプニッツ派の問題提起

　もし，振り子を D から放して糸が支柱 AE に沿うところまでこさせ，次に振り子が B から C へとふたたび上がっていくときには前より小さな半円を描くものとすると，振り子は B で得た速度の CF の高さまで上がります．この高さは落ち始めの時の DG の高さと等しくなります．ところが，振り子が弧 DB を落ちてくるのに要する時間は，振り子が B から C までまた昇るのに要する時間より長くなります．したがって重力は前者の場合の方が後者の場合より長く作用しています．重力はその作用する時間が長ければ効果も大きくなります．振り子はこの速度のために C 点をこえてもっと昇ることができます．けれども，実際にはこんなふうにはなりません．

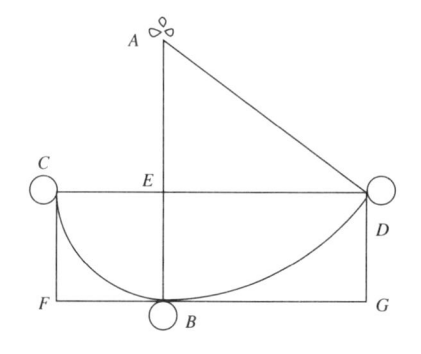

図3-3　単振り子（原図，第5図）

② デカルト派の反論（カントの説明）

糸 AB が D から B へ動いていく間に物体に抵抗し，重力によるその落下を妨げるのと，糸 EB は EC が物体の C から B への落下を妨げるのとを比べると前者の方が激しいことを考えさえすれば，物体が D から B へ降りる瞬間ごとに物体内に集積する力の要素と，逆にそれが C から B へ降りる際に重力が物体内にもち込む力の要素とを比べれば前者の方が小さくなることは容易に理解できます．というのは，1 本の糸によってとりつけられた一物体が A という支えによって弧 CB を通ることと，その物体が同様の輪郭の曲面を自由に転下するのとはまったく同じですから，われわれはこの落下が，この輪郭をもった凹面を二面連接した上で起こると考えてもさしつかえありません．この場合 DB 面は CB 面よりも水平面に近いので，DB 面では物体は CB 面におけるよりも長時間重力の作用を受けます．しかしまた，重力が物体に力をおよぼそうとするのに対して DB 面が抵抗する度合は CB 面の抵抗の度合より大きくなります．

③ 今日的評価

力の効果を時間によって測るならば，DB 間の時間が BC 間の時間より長いから，振り子は C 点をこえてもっと昇るはずですが，そうはなりません．同じ高さまでしか昇らないということは，力の効果は距離によって測るべきだという議論です．デカルト派の弁護の歯切れが悪いです．これも重力の接線方向の成分 $F_t = mg\sin\theta$ で時間積分をおこなうと，

$$mv_B = \int_0^{t_{DB}} F_t \, dt$$
$$-mv_B = \int_0^{t_{CB}} F_t \, dt$$

と定式化できます．つまり，重力の接線方向の成分で力の時間的効果をみるならば，DB 間でも BC 間でも mv の測度で測ることができ，矛盾はなくなります．高さという距離に注目すれば，力は鉛直方向の重力そのもので考えればよいが，時間に注目すれば重力の接線方向の成分で考えなければならず，この作用で mv が決まってくるということです．

例 3．弾性体の衝突（図 3-4）
① ライプニッツ派の問題提起

質量 1 速度 2 なる物体 A が完全に平坦なる平面上で球 B に衝突します．B
は静止しており，その質量は 3 としま
す．A は B にあたってから同じ速度 1
ではね返って質量 1 なる球 C にあたり
ます．球 A は球 B に速度 1 を伝え，
球 C にまた速度 1 を伝えて静止するで
しょう．力が速度に比例するならば，
A は衝突前には 2 にあたる力をもち，

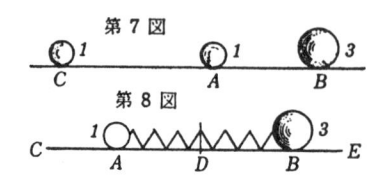

図 3-4 弾性体の衝突（原図，第 7, 8 図）

衝突後には B と C を合わせて 4 にあたる力があることになりますが，これは
不合理です．

② デカルト派の反論

2 の力をもつ物体が B と C に 4 の力を生じて，しかも奇蹟も要せず，また
活力に助けを求めるにもおよばないというのは，どうしてでしょうか．いま衝
撃で動き出す物体 A の弾力をばね AD で，また球 B の弾力をばね DB で表わ
すこととします．力学の初歩の原理によれば，A と B の速度が等しくなるまで
は A はばねを通して B に新たな圧力を加えます．そして両者の速度が等しく
なるのは，その等しい速度と衝突前の A の速度との比が，A の質量と A プラ
ス B の質量との比に等しくなった時です．いまの場合でいえば，初めの A の
速度の半分の速度で両者が BE の方へ動いた時です．この場合に作用が，速度
に依存して測定した力に比例しているということは誰も否定しないでしょう．
さらに進んで，ばね AD が D 点において DB に及ぼす力は DB が球 B に押す
力と等しくなければなりません．そして，球 B は自分に与えられた作用と同じ
力で抵抗するから，ばね DB は自分が B におよぼすと同じ力で他のばね AD
から押されて圧縮することは明白です．同様に，ばね AD が D 点でばね DB
にはたらきかけるのと等しい力で球 A はそのばね AD を押すことになります．
ところで，ばね DB を圧縮する力は球 B の抵抗力，したがって球 B の受ける
力と等しく，ばね AD を圧縮する力もまたこれに等しいから，両者の圧縮力は
球 B が受けた力，つまり B が 3 の質量と 1/2 の速度で動くだけの力に等しく
なります．こうして，球 B は球 A の衝撃と後からばねのはね返りのために合
わせて 1 の速度を得て BE の方向へ向かいます．これに対して，球 A は，そ

れが AE の方向へ動き出した後にまだ残っていた 1/2 の速度をばねがはね返って AC の方向へ押しやった時の速度から差し引かなければならないから，1 だけの速度を得て AC の方向へ向かうことになります．これこそ，ライプニッツ派がデカルトの考えでは説明することができないと考えた場合です．

③ 今日的評価

デカルト派の反論の前半は正しいが，後半はまちがいです．デカルト派もライプニッツ派も力の保存という考えには到達していました．カントの本著作では，「物体の力は衝突の後も前も同じであるにちがいない．なぜならば，結果はその結果を生むために使いはたされた原因と等量だからである」といった表現があちこちに見られます．ただ，今日的に見れば，運動量はベクトル量であるのに対して，活力はスカラー量であることの認識がはっきり見られません．このことに混乱の一因があります．この問題の場合でも，A が衝突後に向きが変わったのですから，衝突後の A と B の運動量は，$1 \times 1 + 3 \times 1 = 2$ となり，はじめの運動量 2 に等しくなります．

6. デカルトとライプニッツの力の概念

カントによれば，ライプニッツ以前のすべての学者の力の概念は，次のようなものでした．

> 一般に運動している運動は，抵抗にうちかち，ばねを押し縮め，物体を動かそうとする力を有する．力とは，物体にまったく外部から伝えられるもので，その物体が静止しているならばまったく力をもたない．

ところが，ライプニッツは，「物体には，本質的な力が内在し，その力はむしろ延長に先立つ物体の属性である」として，この力を「作用力」vis activa という一般的名称で呼びました．つまり，ライプニッツは，物体が運動していなくても，運動しようとする内在的力が存在しているとして，運動しているとき物体がもつ力，活力 vis viva に対して，この内在的力を死力 vis mottur と呼んで区別しました．

デカルトには，この区別はなく，運動の量に関して，『哲学原理』[17]（1644）第2部第36節で次のように述べています．

　神は，運動の第一原因であり，そして宇宙のうちに常に同じ量を維持する．小のうちにも大における同じだけがあると考え，またある部分の運動が速くなるに応じて，これと等しい他の部分はそれだけ速くなると考えるのである．

これに対して，ライプニッツは，『ライプチヒ学報』（1686）に論文[18]を発表し，次のように批判しました．

　デカルトは，起動力（運動力）vis motrix を運動の量 quantitate motus とを同等のものとみなし，神は常に世界において同一の運動の量を保持すると断言してしまった．あきらかに力は，それが生み出し得る効果の量，たとえば高さによって評価されるべきもので，それが物体に与えることのできる速度によって評価されるべきものではない．

そして，落下法則によると，物体が上昇する高さ h は，速度 v の自乗に比例するから，力の大きさは，mv^2 で評価されるとしたのです．
ライプニッツのいう活力と死力，デカルトのいう運動の量は，それぞれ今日でいう運動エネルギー，位置エネルギー，運動量の概念につながるものです．力とはいっても，今日いうところの力ではありません．

7．カントの力の概念

ライプニッツの力の測度 mv^2 とデカルトの力の測度 mv は，力の効果の見方がちがうものですが，それぞれ別々に考えれば，それぞれ意味をもっています．それに対してカントは，2つの測度をともに認めようとするあまり，「内張力」Intension という彼独自の概念を導入し，運動状態によって，ある場合には mv が，またある場合には mv^2 が正しいという誤った方向に議論を展開してしまいました．そのため，力の概念はますます混乱をきわめてしまったのです．

第3章　運動物体がもつ「力」をいかに表わすか

　カントによれば，「運動を維持しようとする動向は活動の基礎であって，速度はその力を全部出すにはこの動向の量をどれだけとるべきかを示すものである」．この動向をカントは内張力と名づけました．したがって，力は速度と内張力の相乗積

　　　力＝速度×内張力

で表わされます．

　さらに，カントは運動を現実運動（第2の運動）と自由運動（第1の運動）とに区分しました．現実運動とは，「外的な力にもとづき，その力が停止すればその作用もただちにやむという運動」で，たとえば，手でそっと押した球の運動とか，一定速度で動かされている物体の運動です．この運動は，物体内でたえず消滅していく力の補給をいつもしてやることが必要です．力は不断の外的駆動力の結果なのです．このような運動の場合，もっぱら外的駆動力にたよっているので，内張力は一定となります．つまり，そのときの速度には依存しないと考えられます．したがって，力は速度に比例することになります．カントは，この力を死力 vis mottur と呼び，デカルトの力の測度があてはまる場合としました．

　もうひとつの自由運動とは，「物体がその運動の基礎を十分にもち，その内的動向からして，それが運動を自由にかつ減衰することなくみずから永続する運動である」としました．発射された弾丸，一般に投射体の運動がこれにあたります．このとき内張力は，速度を増すにつれて比例して大きくなります．「はじめ点にすぎなかったものを自分のうちにつみ重ねて線分のようになるのです」．したがって，力は速度の二乗に比例することになります．この力を活力 vis viva と呼び，ライプニッツの測度があてはまる場合としました．

　そして，「物体の力がまだ活力ではないが，活力たることをめざして進んでいる状態」が活力化または活性化の状態です．活力と死力の間には無限に多くの中間段階があるが，どんな速度でも活力化されるものではないとしました．

　カントは，みずからの力の測定法を「力の新たな測定法とその条件」として次のように要約しています．

　一物体が自由運動において，その速度を減衰せず無限に維持するときは，そ

の物体は活力，言い換えれば，速度の二乗を測度とする力をもつ．ただし，この法則には条件がともなう．それは次の通りである．
① 物体は抵抗のない空間のなかで，その運動を一様に自由かつ永続的に維持する基礎を自分のうちにもたなくてはならない
② 物体はこの力を自分を動かす外部原因にもとめず，外部の刺激をまって物体自身の内的自然力にもとめるものである．
③ またこの力を物体内に有限時間内に生ずる．

これ以上の説明は必要ないでしょう．カントが 2 つに区分した運動は，要するに摩擦がある場合の運動とない場合の運動です．この違いを内張力という新たな概念に結びつけ，力の測度の違いを引き出そうとするのは，根本的な誤りです．

8．力の概念のその後

今日の眼からみると，形而上学的傾向の強い力の概念をカントが提出するに先立ち，ダランベールは，力の測度 mv および mv^2 は，力の時間的効果，および空間的効果を示す量として，それぞれに意味があることを指摘していますが，それらの意味がはっきりと統一的体系的に理解されるまでには，まだ 100 年余りの歳月を必要としました．力という語には，力積，仕事，運動量，エネルギーなどの力学的諸概念が未分離のまま含まれているのです．19 世紀も半ばになり，Ft に力積，Fs に仕事の名称がつけられるようになっても，mv^2 と $1/2\,mv^2$ が区別され，前者は活力，後者は勢力などと呼ばれました．しかも，その名称には，つねに力という語がまつわりついていました．エネルギー保存の法則を提唱したあのヘルムホルツの論文も「力の保存についての物理学的論述」[19]（1847）となっています．エネルギーという言葉を最初に使ったのは，ランキンとされています（1853）．

こうして，19 世紀後半には活力問題も真に解決して，古典力学が完成しますが（表 3-2），力とは何かという命題は現代力学にいたるまで問い続けられ[6]，新領域が切り拓かれています．

第3章　運動物体がもつ「力」をいかに表わすか

表3-2　活力を中心とした力学の発展史[1~9]

年代	人名	事項	備考
1638	ガリレイ	インペト impeto, モメント momento などの語を使っているが，定義が明確でない．現在の力，運動量，エネルギーなどの意味に用いる．	『新科学対話』
1644	デカルト	力の測度を運動の量，質量と速度の積 mv とする．	『哲学原理』
1669	ホイヘンス	2物体の衝突において，質量と速度の二乗の積 mv^2 の和が衝突前後で等しいという命題をたてる．	『衝突論』
1686	ライプニッツ	力の測度を活力の量，質量と速度の二乗の積 mv^2 とする．mv を力の測度とするデカルトを批判し，活力論争を引き起こす．	『ライプチヒ学報』
1687	ニュートン	仕事やエネルギーの問題にはほとんど言及していない．	『プリンキピア』
1735	J. ベルヌイ	ホイヘンスの研究を受け継いで，活力保存の原理を力学の基本原理として取り扱う．	『活力の真の理論』
1743	ダランベール	活力論争を，「まったく取るに足りない形而上学的論争」か「言葉上の論争」として，その不毛性を論じ，解決の方向性を示す．	『力学論』
1744	モーペルチュイ	最小作用の原理にもとづいて衝突問題を論じ，活力 mv^2 は完全弾性衝突では保存されるが，非弾性衝突では保存されないことを示す．	
1746	カント	内張力の概念を導入して，活力論争に決着をつけようとする．mv, mv^2 をともに認める立場に立つが，mv から mv^2 へと転化（活力化）するとした．	『活力測定考』
1750	D. ベルヌイ	活力保存の原理を流体に適用して成果をあげる．「自然はどういう場合にも，活力保存の大法則を拒否しない」として普遍的な意義にまで高める．	『活力保存の定理の一般化された形式』
1788	ラグランジェ	運動方程式の積分として活力の定理を導き，ニュートン力学の枠内での形式化が完成する．	『解析力学』
1807	ヤング	活力 mv^2 に初めて今日的意味でエネルギー energy の名称を用いる．	『自然哲学と機械技術についての講義』
1829	ポンスレ	力と距離の積 Fs に初めて仕事の名称を与える．kg·m を単位とする．	『工業力学序説』
1832	コリオリ	mv^2 ではなく $\frac{1}{2}mv^2$ に活力と名づける．Fs に仕事の名称を与える．	

1847	ベランゲー	力と作用時間の積 Ft を力積と名づける．mv^2 を活力，$\frac{1}{2}mv^2$ を勢力（活動能力）と名づけて区別する．	
1847	ヘルツホルツ	張力（位置エネルギー）を導入し，$\frac{1}{2}mv^2$ を力（エネルギー）と呼び，質点間に中心力がはたらく場合，その和が一定であることを示す．いろいろな形態のエネルギーを一般的に論じ，エネルギー保存法則の体系化をはじめておこなう．	『力の保存について』
1851	W．トムソン	力学的エネルギーという語を使い，ダイナミカルなものとスタティカルなものに区分する．	
1853	ランキン	ポテンシャル・エネルギーの語をはじめて導入し，いろいろな形態のエネルギーに対して統一的にエネルギーの名を与える．	『力学的エネルギーの一般化法則』

9．力概念のわかりにくさ

　力とはわかりにくい概念です．今日の完成された力学において，力とは物体に加速度を生じさせる外的作用として定義されますが，その作用は有限の時間あるいは有限の距離作用してこそ意味があります．時間 0 の瞬間にだけ力が作用するといっても実際は意味がありません．力というとき，どうしても時間または距離の概念と結びつけ，Ft，または Fs を力と考えがちですが，そうすれば，力の測度は mv ともいえますし，mv^2 ともいえます．

　運動している物体は力をもつという表現は，物理学的には正しくなく，運動量または運動エネルギーをもつと言い換えなければなりませんが，運動している物体は，内に「いきおい」をもつという中世のビュリダンの理論[20]と本質的には今日でも変わらない面があります．

　また，日常の力学現象には必ず摩擦がつきまといます．カントは今日的にいえば，摩擦のあるなしで運動を 2 つに区分して，内張力の概念を使って力の測度の違いを説明しようとしましたが，摩擦もまた今日的な意味で外的力であるという認識には達していませんでした．摩擦についての研究が深まるのは，18世紀に入ってからのことでしたし，ベクトル量とスカラー量の概念がはっきり

第3章　運動物体がもつ「力」をいかに表わすか

していなかったことも，活力論争をよけいに複雑なものとしました．

　力の概念を今日的意味で正しく理解することが大切なことはいうまでもありませんが，初心者に対しては，力それ自身と加速度との関係式，いわゆる運動方程式 $ma = F$ を基本におかずに，力の時間的効果である力積と運動量との関係式 $mv = Ft$ を基本においた学習展開案[13, 21]が提出されるのも，自然なことであって，十分検討してみる価値があります．力学形成の理論をふまえて，学習者の概念形成に合った力学教育の論理を構築することは大切なことだといえましょう[22]．

——— 文　献 ———

1) 活力論争の大要については，たとえば，大野陽郎監修『近代科学源流－物理学篇II』（北大図書刊行会，1976）pp.3-15 の概説参照．
2) プランク著，石原　純訳『エネルギー恒存の原理』世界大思想全集 48（春秋社，1930）pp.149-205．
3) オストワルト著，山県春次訳『エネルギー』（岩波文庫，1938）．
4) マッハ著，伏見　譲訳『マッハ力学－力学の批判的発展史』（講談社，1969）．
5) ダンネマン著，安田徳太郎訳『大自然科学史5』（三省堂，1978）p.177．
6) ヤンマー著，高橋　毅・大槻義彦訳『力の概念』（講談社，1979）pp.178-181．
7) 桑木彧雄：「カントの最初の論文に就て」，『理想』1924 年 4 月号，のち『科学史考』（河出書房，1944）pp.339-357 に収録．
8) 中川　徹：「Vis viva 論争と energy mv^2」，『物理学史研究』Vol.9, No.2, 67-76（1973）．
　　中川　徹：「ポテンシャルエネルギー概念の歴史的発展について」，『国立科学博物館紀要』Vol.1, 47-52（1978）．
9) たとえば，マルチン著，門脇卓爾訳『カント－存在論および科学論－』（岩波書店，1974）．
10) プラース著，犬竹正幸訳『カントの自然科学論』（哲書房，1992）．
11) 酒見次郎：「運動量と運動エネルギー」，『日本理科教育学会研究紀要』Vol.23, No.2, 75-80（1982）．
12) 徳永好治：「エネルギー概念の歴史的形成過程と理科教育（II）－活力論争と力学的エネルギー」，『日本理科教育学会研究紀要』Vol.30, No.3, 45-55（1990）．
13) 徳永好治：「科学史の観点による「運動量」指導の重要性」，『北海道教育大学紀要』Vol.27, No.1, 97-107（1976）．
14) エネルギー教材研究会編『エネルギーの概念はどのように形成されるか』（神奈川県立教育センター，1979）．
15) 亀井　裕訳『カント全集 I』（理想社，1966）pp.5-232．他に，「地震論」（1756），「物理的単子論」（1756），「自然地理学講義草案」（1757），「月の火山」（1785），「天候に

およぼす月の影響」（1794）が収められている．

なお，現在刊行中の岩波版『カント全集』では，第1巻（2000）前期批判論集1に収められている．

16）抄訳は，義之雅博訳『近代科学の源流－物理学篇II』（北海道大学図書刊行会，1976）pp.24-29.
17）容易に入手できる『哲学原理』の邦訳，たとえば，桂　寿一訳（岩波文庫，1964），井上庄七・水野和久訳『世界の名著22』（中央公論社，1967）などは，全4部のうちの第2部までの部分訳である．三耳倫正・本多英太郎訳『デカルト著作集3』（白水社，1973）では第3部，4部の項目も訳されている．1988年やっと完全訳が刊行された．井上庄七・水野和久他訳『科学の名著II-7』（朝日出版社，1988）．第4部は地球論にあてられ興味深い．
18）抄訳は，加藤大典訳：「神が常に同一の運動量を保存すると説くために，力学においても濫用されている自然法則に関して，デカルトその他の人々がおかした顕著な誤謬の簡単な証明」，『近代科学の源流－物理学篇II』（北海道大学図書刊行会，1976）pp.17-23. 全訳は，横山雅彦訳『ライプニッツ著作集3』（工作社，1999）pp.386-395.
19）高林武彦訳『世界の名著65』（中央公論社，1973）pp.231-283.
20）ビュリダンの思想と運動理論については，原著の抄訳，青木靖三・横山雅彦訳『天体・地体論四巻問題集』科学の名著5（中世科学論集）（朝日出版社，1981）に詳しい．
21）藤本秀彰：「運動状態の表し方」，『徳島科学史雑誌』No.7, 50-51（1988）．
22）小林昭三：「力学形成の論理と力学教育の論理（I）～（III）」，『新潟大学教育学部紀要長岡分校研究紀要』No.26, 45-53（1980），『新潟大学教育学部紀要』No.22, 11-26（1981），同No.23, 1-15（1982）．

第4章
自然は真空を嫌うか
―― 大気圧の概念の成立 ――

アリストテレス（前384〜322） 　　ガリレイ（1564〜1642）

ヴィヴィアーニ（1622〜1703） 　　ゲーリッケ（1602〜1686）

1. 大気の海 [1~8]

トリチェリは,「われわれは大気という成分の大洋の底に沈んで生きている」といいましたが,それを改めて実感することは少ないのではないでしょうか.

海底では,海水という大気よりずっと密度の大きな物質が海底を強く押しつけているのですから,地表でも大気によって同じことが起こっているのは当然のことです.

しかしながら,歴史をたどってみると,この認識に達したのは決して古いことではありません.空気というものは,水とは違って,実態のない魂のようなものと思われていました.実験にもとづく科学的研究対象となったのは,17世紀になってからのことです.あるいは,大気圧をめぐる議論が実験的方法を産み出し,科学的方法として一般化していったといってよいでしょう.

2. 大気圧の概念と真空嫌悪説

大気圧の概念が形成される過程で,乗り越えなければならなかったのは,「自然は真空を嫌う」という真空嫌悪説 [9] でした.この説は紀元前4世紀のアリストテレスに端を発し,近代のガリレイやパスカルらの時代においても,広く受

パスカル (1623~1662)　　トリチェリ (1608~1647)　　ドルトン (1766~1844)

け入れられていました.

　アリストテレスは『自然学』[10] 第 4 巻の「空虚について」で,「空虚はいかなる仕方でも存在しない」という自説を展開しています. その展開の仕方は次のようなものです.

　同じ長さのガラス管を 2 本用意して, 一方には濃いシロップが油を満たし, 他方には水を満たします. 小さな鉛球を上面から同時に落とすと, どちらが先に底に届くでしょうか, もちろん水を満たしたガラス管の方です.

　このことから, 密度の大きい媒質を球に対する抵抗力が大きくなって, 球はゆっくり落ちること, 反対に密度の小さい媒質では抵抗力が小さく, より早く球が落ちることがわかります.

　もし真空というものがあったとすると, その密度はゼロと考えられます. したがって抵抗力もゼロと考えられ, その中を落ちる球は無限の速さで動くはずです. しかし, この有限の宇宙において無限の速さは考えられません. なぜなら, このことは, 球が同時に 2 ヵ所に存在することを意味するからです.

　したがって, 球は無限の速さで動くことはありえず, 同時に密度ゼロの媒質もありえません. つまり, 真空は存在しないという結論になります.

　この真空嫌悪説から, 今日では大気圧で説明できる諸現象がみな説明されました. たとえば,「口のふさがれたふいごを開けるのに骨が折れる」,「磨かれた二つの物体を重ね合わすと, これを離すのが困難である」, あるいは「ピストンを引くと注射器やポンプの中に水が入ってくる」といった諸現象が説明されたのです. つまり, これらの操作では真空ができやすいが, 自然は真空を嫌って真空ができないように作用するから, これらの諸現象が起こると考えられたのです.

3. ガリレイの実験

　鉱山などで地下水をポンプで汲み上げるとき, 約 10 m 以上はどうしても汲み上げられないことは, 古くから知られていました. ガリレイは, このことに改めて注意を喚起し,『新科学対話』[11]（1638）の中で, 次のように述べています.

このポンプは井戸の水面がある決まった高さ以上にある時には完全なはたらきをしましたが，その高さ以下のときには用をなしませんでした．最初この現象を認めたとき，私は機械に狂いができたのだと思ったのです．ところが修繕に呼んできた職人は，故障はポンプにあるのではなく，水にあるのです，水位があまり低くなったのでこんな高所には水が揚がらないのだといいました．それにつけくわえて彼は，ポンプでも何でも吸引力の原理によってはたらくものは 18 キュービット以上は毛幅の高さも水を揚げることはできない．ポンプが大きかろうが小さかろうと，これが水の揚がる限度だ，といいました．

　さらに次のように続けています．

　うかつにも私は，綱や木材または鉄の棒は長さを十分にすれば，上端をもっと自分の重みで切断するということは知っていながら，同じことがもっと容易に水柱の場合に起こるだろうとは今の今まで考えつかなかったのです．実際ポンプの中に吸い上げられているものこそ，上端を固定された水の柱であり，それをしだいしだいに延ばしていけば，ついには綱のように自分の重さのために切断する長さに達するのではないでしょうか（図4-1）．

　ガリレイは，水の上昇する理由を物体の凝集力に帰し，この凝集力は，大別して 2 種の別々の原因から生じると考えました．ひとつは，「自然が真空に対して示す嫌悪性」で，もうひとつは「物体の各部分を固く結びつける膠状または粘性物質」を考えたのです．そして，彼は，真空のもっている抵抗力を測定するために，水を満たした円筒容器の開口部を下にして立て，それからピストンを引き出すために必要な重量を求めるという実験をおこなっています（図4-2）．
　ガリレイは，空気にも重さがあり，水の約 1/400 であることまで実験で確かめているのに，大気の重さが水柱を押し上げるという方向には議論を進めませんでした．彼ですら，自然は真空を嫌うという概念から抜けだすことはできなかったのです．

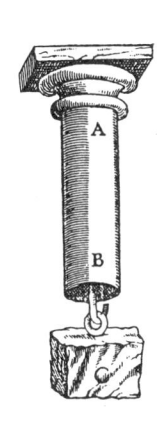

第4章　自然は真空を嫌うか

図4-1　自重による物体の切断 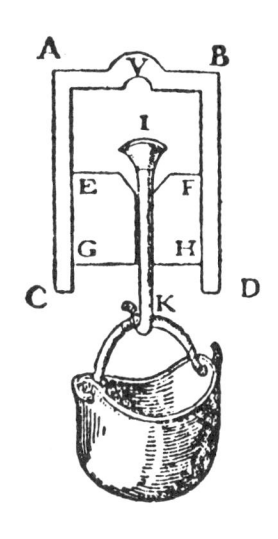　　図4-2　真空の抵抗力を測定するガリレイの実験

4. トリチェリの実験

ガリレイの実験から示唆を受けたのがトリチェリでした．彼は，ガリレイの熱心な崇拝者で，失明した老ガリレイの弟子となって研究したこともありました．

彼は，水の代わりに水の約14倍の重さのある水銀を使ったならば，いわゆる真空嫌悪と考えられるものによって，ガラス管内を水銀がどの程度まで引き上げられるかを考えました．

実験は，トリチェリの指示にもとづいて，ガリレイの没した翌年の1643年，ヴィヴィアーニによっておこなわれました．この記録は，ミケランジェロ・リッチ宛のトリチェリの手紙[12~13]で公表されました．

長さ2ブラッチャ（約117 cm）のガラス管に水銀を満たし，開いたほうの端を指で押さえ，それを同じく水銀を満たした容器の中に逆さに立てます（図4-3）．指をはなすと水銀は1ブラッチオと1/4，さらに指1本分の高さ（約76

cm 程度）まで下がり，その高さのままでとどまりました．このとき上部にできる空所は，やがて「トリチェリの真空」と呼ばれるようになりました．

　トリチェリは，この現象は大気の圧力で生じたものと考えました．大気圧が水銀を押し上げ，水銀の重さと大気圧が等しくなったところでとどまるのです．水銀は水の約14倍の重さですから，水銀柱は水柱の 1/14，つまり76 cm 程度になるはずです．実験結果は予想と大体一致しました．管の上部の空所に水銀柱を引き上げるはたらきがないことを示すために，トリチェリは，まっすぐなガラス管と球のついたガラス管で同時に実験しました．結果は，どちらの水銀柱の高さも同じになったのです．もし，管の上部の空所にそのはたらきがあるのなら，球のついたガラス管のほうが空所の体積が大きいから，水銀柱が高くなるはずだからです．トリチェリは手紙の中で次のように述べています．

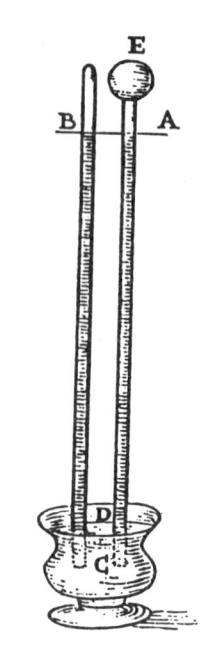

図 4-3　トリチェリの実験

　これまで多くの人が真空をつくれるはずがないといってきました．また，他の人々はつくれるが，自然の女神側の反対があって，たいへんな困難がともなうといってきました．これまで真空を努力なしに自然の女神側の反抗にあわずにつくることができるといってきた人はひとりもいないことを知っています．私はこう考えます．真空をつくる必要があるときに感じられる抵抗がなぜ生じるか，そのはっきりした理由を私がもし見い出せば，この作用を真空のせいにしようとするのはむなしいものと思われます．なぜならこの作用は，明らかに他の原因（大気圧）に由来しているからです．……われわれは，大気という成分の大洋の底に沈んで生きているのです．その大気は，疑いのない実験によって重さがあることが知られています．

トリチェリが，このように表明して，水銀柱を支えているのは大気圧であって真空嫌悪ではないと主張しても，多くの人々に受け入れられなかったのです．上部の空所は，決して真空などではない．空気の微粒子がガラスと水銀との間に残っていて，それが極度に希薄な状態となってこの空所に満ちわたっているとか，同じく水銀の蒸気が広がっているとか考えられました．デカルトでさえ，微細な物質がそこを占めていると考えていたのです．のちに，パスカルやゲーリッケの実験による有無をいわせぬ証明が現れても，反論者はあとを絶ちませんでした．それほどに真空嫌悪説は深く根をおろしていたのです．

5．パスカルとペリエの実験

パスカルは，トリチェリのこの実験を知り，みずから決定的実験をおこないました．

実験の結果は，1647年『真空に関する新実験』[14]と題して発刊されました．さらに『流体の平衡について』[15]，『大気の重さについて』[16]（表 4-1）と題する2つの重要な論文が完成したのは，1653年ごろのことで，活字となって発表されたのは，10年後の1663年，パスカルが40歳という短い生涯を終えた翌年のことでした．

水銀柱が一定の高さにとどまることは，真空嫌悪が原因ではなくて，大気圧そのものが原因であることを決定的にした実験は，「真空中の真空実験」と呼ばれるものと，「ピュイ・ド・ドーム山の実験」です．

「真空中の真空実験」とは，『大気の重さについて』第6章[16]で発表された次のような巧妙な実験です（図4-4）．

下方が曲がったガラス管ABとまっすぐなガラス管MNとが接合されています．全体の長さは，したがって普通の実験で使うガラス管の2倍程度になります．MNの上端は開いています．はじめに，MNの上端と下端を指でふさいで管内に水銀を満たし，水銀を満たした容器の中で倒立させて，下端を開きます．すると，ABの中にある水銀は，ことごとく下に落ち，一部分がMを通って下のガラス管に流れこむ以外は，すべてBの湾曲部にたまります．しかし，MNの部分の水銀は部分的にのみ下降し，普通の水銀柱の高さ26〜27プースぐら

表4-1 パスカル著『大気の重さについて』(1653年成稿,1663年出版)の内容

第1章 大気は重さを有する。そして大気は,大気の包むあらゆる物体を自己の重みによって圧する。
第2章 いままで真空に対する怖れに帰せられていたあらゆる現象は,大気の重さによって生じるものである。
　第1節 真空に対する怖れに帰せられている諸現象の話
　第2節 真空に対する怖れに帰せられていたあらゆる現象は,大気の重さによって生じる。
　　Ⅰ．口のふさがれたふいごは,大気の重さのために開きにくい。
　　Ⅱ．磨かれた二つの物体をたがいに重ねあわせると,これを離すのに困難を感じるのは,大気の重さが原因である。
　　Ⅲ．注射器やポンプなどに見られる水の上昇の原因は,大気の重さにある。
　　Ⅳ．上端がふさがっているガラス管の中で,水が宙に停止する原因は,大気の重さにある。
　　Ⅴ．大気の重さはサイホンの中に水を上昇させる。
　　Ⅵ．吹いふくべを使うと筋肉にふくらみが生じるのは,大気の重さがその原因である。
　　Ⅶ．ものを吸うときに生じる吸引力の原因は大気の圧力にある。
　　Ⅷ．赤ん坊が母乳の乳房から乳を吸うときの吸引力の原因は大気の圧力にある。
　　Ⅸ．息をするときに空気を吸引することのできる原因は大気の重さにある。
第3章 大気の重さに限られていると同様に,それによって生じる現象も限られている。
第4章 大気の重さは,それが水蒸気をいっそう多く負わされているときに増大し,いっそう少なく負わされているときに減少するのであるから,大気の重さによって生じる諸現象もまた,それに応じて増減を呈する。
第5章 大気の重みは,高地においてよりも低地においていっそう大であるから,それによって生じる諸現象も,また低地におけるときの方がいっそう大である。
第6章 大気の重さによって生じる諸現象は,この重さの増減に応じて,同じく増減を呈するのであるが。空気の存在する層よりも上に出るか,もしくは大気の重さの存在しない場所においては,かかる諸現象はひとつとして生じないであろう。
第7章 世界中のおのおのの場所においてポンプに水の上昇する高さはどれほどであるか。
第8章 世界中のおのおのの場所は,大気の重みによってどれほどの負擔をこうむっているか。
第9章 世界中にある空気全体の重さはどれほどであるか。

いにとどまります。真空と考えられる部分が,AとMの2箇所にできます。湾曲部にある水銀が空気の重みを感じないのは,その入り口をふさいでいる指が空気の侵入を防いでいるからです。その結果,この指はかなりの苦痛をこうむることになります。次にこの指をどけて,Mを開くと,MNの中の水銀柱は

第4章 自然は真空を嫌うか

全部落ちてしまい，一方湾曲部にある水銀はいまや大気圧にさらされて，ABのガラス管内で押し上げられて，26～27プースぐらいの高さまで上昇します．

これこそ，大気圧が存在し水銀柱をおしあげていること，管の上部にできている空所は真空であることの決定的証拠といえるのです．

もうひとつの実験「ピュイ・ド・ドーム山の実験」もまたダイナミックに大気圧の存在を示してみせました．真空中の真空実験は，たしかに大気圧によってきわめて自然に説明されますが，ことによると真空に対する怖れによっても，なお十分に説明されるかもしれません．もっと決定的な実験を示してみせる必要がありました．パスカルは，1647年11月15日付でクレルモン在住の義兄ペリエに一通の手紙[17]を書きました．パスカルは，水銀柱の実験を，高い山で場所をかえておこなうことを考えたのです．手紙の中で次のように書いています．

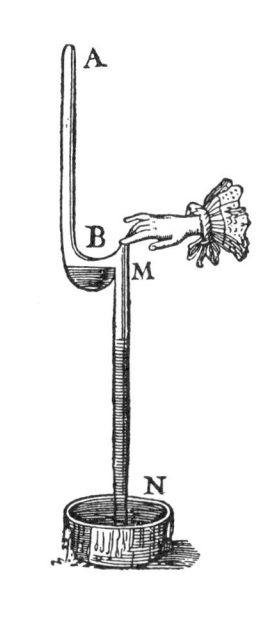

図4-4 パスカルの真空中の真空実験

　もし水銀柱の高さが，山の下でよりも頂上へいくにつれて，低くなるようならば，この事実からの必然的帰結として，空気の重さすなわち圧力こそが，水銀のかかる停止の唯一の原因であって，真空に対する怖れが原因なのではないと断言してはばからないのです．たといこの問題を考えている人たちのみながみなまでこの見解に反対であっても，私にはそう信じるに足るだけの理由があるからです．なぜなら，山の麓には重い空気がたくさんあるけれども頂上にいけばそれほどでもなくなるというのならば，なるほどうなづける話ですが，それに反して，自然は山の頂上においてよりも山の麓において真空を嫌うこといっそうはなはだしいなどとは，決して言われえないからです．

この計画をいざ実行するということになると，パリの付近には適した高い山がありませんでした．あまりにへんぴな田舎となると，この実験に興味をもってあたってくれる人がいませんし，実験器材を運ぶにも骨がおれます．そこで，パスカルの故郷クレルモンの町に近いピュイ・ド・ドーム山が選ばれました．ここには，パスカルの義兄ペリエがいたので，すべての実験を彼に依頼したのです．

　実験は，翌1648年9月19日におこなわれ，結果は，ペリエからパスカルに宛てた1648年9月22日付の手紙で[18]で報告されました．

　9月19日，空はきれいに晴れ渡って，ピュイ・ド・ドーム山の山頂があざやかにその姿を現していました．ペリエは実験を試みようと思い立ちます．当クレルモン市の有力な方々にさっそくその旨を伝え，朝8時，一同はミニム派神父の庭に集合しました．ここで，同じ大きさの2本のガラス管で水銀柱の実験をしたところ，水銀柱の高さは2つともまったく同一で26プース3.5リーヌでした．念のため，同じ実験をさらに2度くり返しましたが，同じ結果でした．

　2本のガラス管のうち1本はそのままにして，一日中観測することにして，これは修道士シャスタン神父があたりました．もう1本のガラス管と水銀をもって，ペリエら一行は山に登りました．500トワズほど高い山頂で実験をおこなったところ，水銀柱の高さは23プース2リーヌと下がったのです．一同しばしわれを忘れるほど賛嘆しました．

　念のため，この実験を5回くり返し，さらに，ある時は山頂の小さなお堂の下で，ある時は露天で，ある時は物陰で，ある時は風当たりの強い場所で，ある時は晴れ間に，ある時は雨雲の中でというふうに山頂の場所を変えて実験をおこないましたが，水銀柱の高さは，そのつどつねに同じ23プース2リーヌだったのです．

　下山の途中，ラフォン・ド・ラルブルという修道院の庭から150トワズの高さの地で同じ実験をおこないました．実験は3回おこなわれましたが，いずれも25プースでした．

　修道院の庭に帰って，そこに朝から置いてあった水銀柱の高さを見てみると，出発のときと同じ26プース3.5リーヌを示していました．ずっと観測していたシャスタン神父の報告によると，その日の天候はまことに気まぐれで，晴れたかと思うとにわかに雨もようの空になり，あるいは霧がかかったり風が出たり

第4章 自然は真空を嫌うか

などしたにもかかわらず，水銀柱の高さは一日中何らの変化も起こらなかったというのです。ペリエらは，山へもっていったガラス管を用いてそこで実験をおこなったところ，水銀柱の高さは，置いてある水銀柱の高さと同じ26プース3.5リーヌを示したのです。

翌9月20日，ド・ラ・マールの神父の勧めにしたがって，ペリエは，ノートルダム寺院の塔の上と下とでも実験をおこなっています。塔の下の実験は，修道院の庭からみてほぼ同じ高さ27トワズのところにある個人の家でおこなわれました。実験の結果は，26プース3リーヌの水銀柱を示しました。また，修

(1648年9月19・20日，クレルモン)

高度（修道院の庭から）	水銀柱の高さ	場　　所
0	26プース3.5リーヌ　(71.3 cm)	山麓の修道院の庭
27トワズ　(　53 m)	26プース3リーヌ　　(71.2 cm)	町で一番高い所にある家（塔の下）
67トワズ　(139 m)	26プース1リーヌ　　(70.7 cm)	町のノートルダム寺院の塔の上
150トワズ　(290 m)	25プース　　　　　　(67.8 cm)	下山の途中
500トワズ　(970 m)	23プース2リーヌ　　(62.8 cm)	ピュイ・ド・ドーム山頂

(注) 1トワズ＝約1,949 m，1ピエ＝約0.324 m，1プース＝1/12ピエ＝約2.71 cm，
1リーヌ＝1/12プース＝約0.23 cmで換算した。

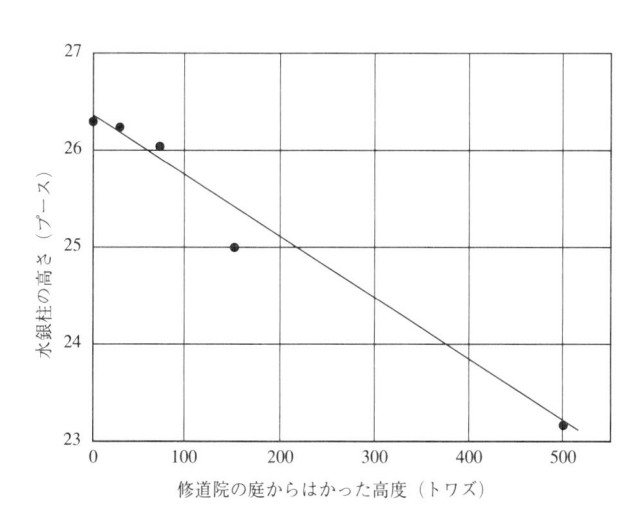

図4-5　水銀柱の高さの高度による変化
　　　（ペリエの実験結果を表とグラフに示した）

道院の庭より 67 トワズの高さがある塔の上で実験をおこなったところ，26 プース 1 リーヌを示しました．

これらの結果をペリエは，末尾にて箇所書きに要約して，「およそ 7 トワズぐらいの上昇によって，水銀柱の高さは半リーヌの差を生じる」と述べています（図 4-5）．

ペリエのこの実験は，もはや真空嫌悪の説では説明のしようがありません．長きにわたる論争の決定的実験となったのです．パスカルは，この実験報告の手紙をとりまとめて，同年 10 月「流体の平衡に関する大実験談」[19] という大々的な題を冠して公刊しました．のちに彼は次のように述べています．

アリストテレスを祖述する人々は誰でもいい．師の著作とその註釈家たちの書物のうちに存する言い分をことごとく集めてきて，できるならば真空に対する惧れによって，これらのことの理由を説明してきかせてもらいたいものである．それができないならば，自然学においては実験こそがしがたうべき真の師であることを認めるべきである．

けれども，山頂でおこなわれた実験は，自然は真空を嫌悪するという世にあまねく行きわたっているこの思いなしを根本からくつがえし，もはや決してくずれることのない次のような認識の眼を開いてくれたのである．つまり，自然は真空に対して何らの惧れもいだいてはいないし，これを避けるための何らの努力も示しはしない．むしろ大気の重さこそが，従来この現象上の原因に帰せられていたあらゆる現象の真の原因である，という認識がそれである．

6．ゲーリッケの実験

大気圧の概念は，ゲーリッケの実験を通して，より確かなものとして確立されました．

ゲーリッケの実験として，つとによく知られているのは，2 つの金属半球を合わせたのち，内部を真空にして，これを馬 16 頭で引きはなすという興行的大実験です（図 4-6）．1657 年マグデブルグ市でおこなわれたので，のちに，「マグデブルグの半球実験」と呼ばれるようになりました．

第4章 自然は真空を嫌うか

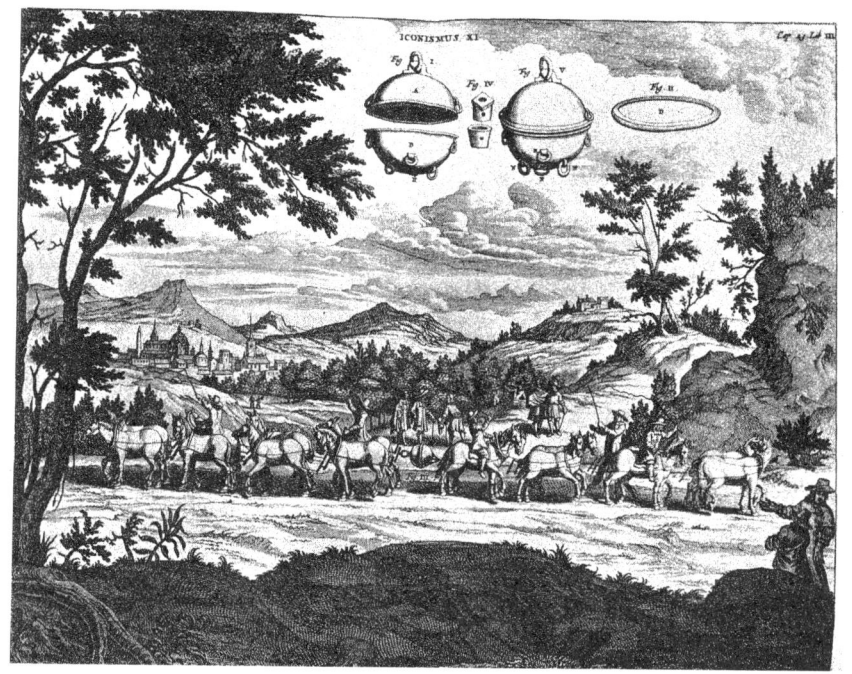

図4-6 ゲーリッケによるマグデブルグ市の大実験 馬16頭に引かせてやっとその半球を引きはなすことができた．

　これを可能にしたのは，1650年頃彼は空気ポンプの製作に成功していたからです．手動式のもので動作は緩慢でしたが，能力は高かったのです（図 4-7）．これを使って，容器を真空にして，その中でベルを鳴らしても音が聞こえないこと，またローソクが燃えず，動物も棲息できないことを示しました．

　ゲーリッケは，自分の発明や発見について著書にまとめる意図はなかったのですが，彼に向けられた反論にたまりかねて，1663年『真空についてのマグデブルグの新実験』[20]をまとめ，1672年出版しました．マグデブルグの半球実験のところを見ると，次のように記されています．

　　16頭の馬でひっぱってもなかなか困難でした．やっとのことでそれが引きはなせたときは，大砲をうったときのような大きな音をたてて分かれました．しかし，栓をひらいて空気をいれたときは，容易に引きはなすことができま

最初の空気ポンプ
　上図は，ブドウ酒の樽を空にするための吸引ポンプだったが空気のもれが大きくて実際には役に立たなかった．下図では銅製の球体から空気をぬいた．いずれにしても大の男が2人がかりで力を加わなければならなかった．

改良型の空気ポンプ
　シリンダー内のピストンをてこで動かすようになっている．

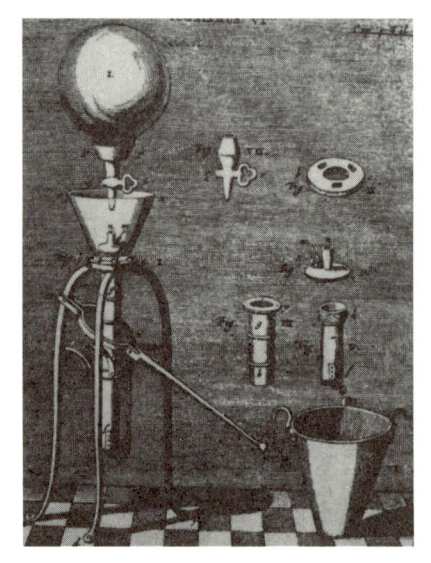

　　図4-7　ゲーリッケの空気ポンプ

第4章 自然は真空を嫌うか

した.

ゲーリッケは,このときの力の大きさを見つもっています.半球の直径は 33.6 cm でしたから,この大きさの円の上に立つ高さ 10 m の水柱を考えるとよいのです.水柱の体積は,

$$\frac{22}{7} \times \left(\frac{33.6}{2}\right)^2 \times 1000 = 887040 \text{ cm}^3$$

となり,その重さは約 887 kg 重になります($\frac{22}{7}$は当時の円周率を表わしています).つまり,どちらの半球もこの力でおされているので,この半球を引きはなすのに,8 頭の馬が合わせて 887 kg の力を出す必要があったのです.ゲーリッケはまた,直径 49 cm の半球もつくって同じ実験を試みましたが,馬 24 頭でも引きはなせなかったのです.この大きさの半球では,同様に計算すると 1886.5 kg 重の大気圧がかかっていることになり,馬の数で表わすと,

$$16 \times \frac{1886.5}{887} = 34 \text{ 頭}$$

になります.24 頭ではとても引きはなせないはずです.

図 4-8 ゲーリッケの実験 馬のかわりに分銅の力で球を引きはなす.

図 4-9 ゲーリッケの実験 ピストン付容器を分銅の力で引きはなす.

この実験に立ち会ったカスパル・ショットは，「わたしは生まれてからこれまで，こんなに驚かされたことはありません．おそらく太陽だって，この世の中が作られてからこのかた，これ以上に不思議なことは見なかったことでしょう」とその驚きを述べています．

　馬を使った実験は，見世物としては興味がありますが，半球を引きはなすのに必要な力を求めるためには，あまりに大雑把です．そこでゲーリッケは，横木につりさげた2つの半球の下の方に分銅をつりさげ，2つの半球を引きはなすのに必要な力を，分銅の重さから求めるという実験をおこないました（図4-8, 9）．

　ゲーリッケは，いろいろの実例を真空嫌悪説で執拗に説明しようとする人々に対して，ひとつひとつ反論し，大気圧の考えで説明しています．そして，「自然の現象に対しては，何よりも実験を重んじて，それにもとづいて考えを進めなければならない」と実験の重要性を訴えています．

　ゲーリッケは，水気圧計も製作し，嵐の到来を予知しました（図4-10）．水気圧計ですから4階建ての高い建物の側壁にそって真鍮(しんちゅう)の管をつないで立てられました．水柱の観察部分だけがガラス製で，よく見えるように人形が付けられています．1660年のある日，人形の部分がガラス管の下端まで下がったかと思うと，2時間もたたないうちに，ほんとうに大嵐がやってきたのです．

　ゲーリッケの実験の知らせが，イギリスに伝わると，そこでは，ボイルが空気ポンプの製作に着手して，多くの点でゲーリッケのそれよりも優れたものを使いました（図4-11）[21]．また，ボイルは，1660年実験によって，気体の圧力と体積との間に簡単な関係が

図4-10　ゲーリッケの水気圧計　高い建物の側壁にそって建てられ，観察部分には人形が付けられている．嵐の到来を予知した．

第4章 自然は真空を嫌うか

最初の空気ポンプ

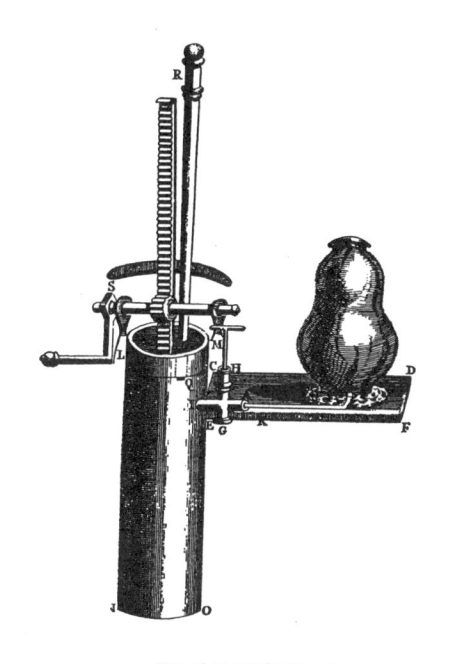

第2番目の空気ポンプ

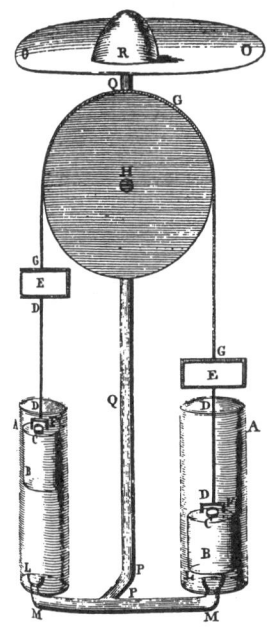

最初の空気ポンプ
下端のハンドルを回転させて，シリンダー内の歯車シフトによってピストンを往復させて，真空をつくる．
第2番目の空気ポンプ
最初の空気ポンプよりもっと空気がもれないように工夫されている．
第3番目の空気ポンプ
足踏み式で，左右のあぶみを交互に足で踏んで動かすようになっている．

第3番目の空気ポンプ　　　　図4-11　ボイルの空気ポンプ

あることをはじめて明らかにしました．

　この結果をもとにして，ハレーは，1685年気圧計による高度測定の公式，

$$H = A \log \frac{B}{b}$$

を提出するとともに，地球の大気圏の厚さを45マイル以下と結論づけています[22]．ここで，H は高度（の差），B, b は2地点の気圧計の示度，A はある定数を表わしています．このように，大気圧にかかわる研究は，さらに基礎と応用の両面へと開けていったのです．

7. ドルトンの気象観測

　ドルトンは，若いころから気象学に深い関心をもち自分で設計した機械を用いて気象観測をして，1793年には，『気象観測および論文集』[23] を出版しています．彼の気象学への関心はおとろえることなく，46年間にわたってその死の前日まで毎日気象観測が続けられました．

　ドルトンの時代になると，トリチェリらの時代から，150年ほど経過しており，真空嫌悪説はもう一掃されています．ドルトンは上の著書の中で，「大気圧とその効果について，現代の科学者は何のためらいもなく認めている」と明言しています．しかしながら科学研究にあまり通じていない人々は，なかなか認めようとせず，反対の証拠として，大気圧がそんなに大きいのに，もろい物体であっても，大気から損傷を受けることがないこと，大気中でも物体が容易に動くことをあげています．それに対して，ドルトンは，大気中で物体はあらゆる方向から同じ力を受けているので，物体を引きはなす力をもたず，大気中で物体が運動するときに大気から受ける抵抗力はきわめて小さいからだと論駁しています．

　トリチェリの真空の発見については，「空気ポンプの発明や他の重要な発見を導いた前世紀における最大の発見」と高く評価しています．

8. 実験科学の精神と新しいパスカル像

　大気圧の概念の成立過程を見るとき，今日のような厳密な実験機器を必要としない自然科学が芽ばえ始めたころの生き生きした営みを感じます．それでも，実験を支える技術がその時代なりに必要であったことはいうまでもありません．パスカルの時代には，長さが 1 m もある均一な径をもつガラス管を製作するのは，容易なことではありませんでした．

　自然科学には，実験的研究と理論的研究の 2 つの側面がありますが，パスカルの論文[7]は，大気圧の概念をめぐる実験科学の精神を伝えてあますところがありません．しかしながら「厳密な実験科学者」としてのこれまでのパスカル像は見なおされています[24, 25]．つまり，パスカルは実験を基本において考察をすすめる科学者ではなくて，いくつかの実験をおこなった後は，その天才的数学的直観をおもな武器として思考実験を駆使して論理をそっくりあげる科学者であるというのです．もっといえば，先の「真空中の真空実験」すらパスカルは実際におこなっていないといわれています．論文では，あたかも実際におこなったかのような臨場感あふれる書き方をしていますが，パスカルの思考実験にすぎないというのです．

　しかし，時代の大きな流れに中で，実験科学の精神が大きく躍動を始めています．そして，ひとつの実験結果が書簡を通じて人々に伝えられていくのもこの時代の特徴といえましょう．

9. ふたたび真空とは

　真空とは，定義どおりにいえば「真の空っぽ」という意味になります．何が空っぽかといえば，原子や分子などの微粒子がまったく存在しないということになります．

　真空について考えるということは，空間について考えるということにつながります．ここから，19 世紀には，「場の物理学」が誕生しましたし，20 世紀になると，真空とは何もない空っぽというのではなく，そこでは素粒子が生成消滅する実体的な空間として，素粒子物理学の研究対象となっています[26]．

─── 文　献 ───

1) 三宅泰雄著『空気の発見』（角川文庫，1962）．中・高生向けのおもしろく，わかりやすい本である．
2) クロッパー著，渡辺正雄訳『HOSC 物理』（講談社，1976）pp.1-32，第 1 章「大気圧」．
3) マッケンジー著，増田幸夫・高橋毅也他訳『科学者のなしとげたこと 1』（共立出版，1974）pp.89-109，第 5 章「空気の圧力」．
4) ダンネマン著，安田徳太郎訳『大自然科学史 4』（三省堂，1978）pp.381-432.
5) 江沢　洋著『だれが原子をみたか』（岩波書店，1976）pp.65-108，第 3 章「大気と真空」．長さ 13 m，直径 5 cm ビニール管を使った水によるトリチェリの実験の復元記録は圧巻である．
6) 松本泉著『科学史対話』（私家版，1982）pp.57-81．「真空と大気の圧力に関する討論会」．ガリレイ，トリチェリ，パスカル，ボイル，ゲーリッケが登場する架空討論会で興味深い．
7) 小泉架裟勝：「圧力測定の歴史」，『高圧ガス』Vol.12, No.5, 39-43（1975）．
8) 松浪信三郎訳『パスカル科学論文集』（岩波文庫，1953）pp.167-203，訳者解説「自然学者パスカル」．
9) 矢島林二郎著『自然は真空を忌む－電球ローマンス－』（月刊トゥ社，1947）．その副題が示すとおり，本書は電球の発達史を述べたものであるが，電球の発達と真空の問題とは深くかかわっており，真空嫌悪説にも 1 章がさかれている．
10) アリストテレス著，出　隆・岩崎允胤訳『自然学』アリストテレス全集 3（岩波書店，1968）pp.142-164.
11) ガリレイ著，今野武雄・日田節次訳『新科学対話　上』（岩波文庫，1948）pp.33-45.
12) 小柳公代：「トリチェリの実験とパスカルの探求 (I) (II)」，『科学史研究』No.170, 65-79 (1989), No.171, 135-142 (1989). (I) には，トリチェリの第 1 の手紙 (1644.6.11) と第 2 の手紙 (1644.6.28) が原文とともに日本語訳が掲載されている．
13) 文献 3) pp.102-103 にもその抄訳が載っている．
14~16) 文献 8) pp.7-27, 53-166 に所収．あるいは『パスカル全集 1』（人文書院，1959）pp.419-433, 449-529 に所収．
17) 文献 8) pp.31-37 に所収．
18) 文献 8) pp.38-46 に所収．
19) 文献 8) pp.29-51 に所収．
20) ゲーリッケ著，柏木聞吉訳『マグデブルグ市の真空実験』，少年少女科学名著全集 5（国土社，1965）pp.83-153.
21) J. B. Conant (ed.)：*Harvard Case Histiries in Experimental Science* 1 (Harvard U. P., 1957) pp.1-63, Casel, "Robert Boyle's Experlments in Pneumatics".
22) ダンネマン著，安田徳太郎訳『大自然科学史 5』（三省堂，1978）pp.191-193.

23) ドルトン著，井山弘幸訳『気象観測および論文集』科学の名著 II-6（朝日出版社，1988）pp.167-222.
24) 小柳公代著『パスカル直感から断定まで－物理論文完成への道程』（名古屋大学出版会，1992）.
25) 小柳公代著『パスカルの隠し絵－実験記述にひそむ謎』（中公新書，1999）.
26) 広瀬立成・細目昌孝著『真空とはなにか』（講談社ブルーバックス，1984）.

第5章
一定の仕事からどれだけの熱が発生するか
―― ジュールによる熱の仕事当量の測定 ――

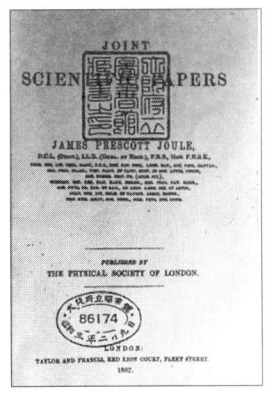

ジュール（1818〜1889）と『ジュールの科学論文集』第1巻（1887）

1. 熱の仕事当量とジュールの実験

物と物とを摩擦すれば熱が発生します．このときにした一定の仕事からどれだけの熱が発生するのでしょうか．この仕事と熱を関係づける定数を熱の仕事当量 J といいます．この値は，$J = 4.186$ J / cal で，1 cal の熱を発生させるには，4.186 J の仕事が必要であることを表わしています．これは，水 1 g の温度を 1℃だけ上げるためには，1 N（約 100 g 重）の力を加えて物を 4.186 m 動かす仕事が必要であるということです．

熱の仕事当量 J は，力学的世界と熱的世界とを結びつける定数として，歴史的にも興味深い定数です．また教育の場においても本定数を測定する実験がいろいろと開発されています．たとえば，電流の発熱現象を利用するもの[1]，アルミニウム円柱の摩擦によるもの[2]，砂（鉛粒）袋の落下によるもの[3]，気体の圧縮・膨張によるもの[4]，個体の衝突を利用するもの[5]，氷の融解を利用するもの[6]，そして，水の撹拌によるもの[7～10]などがあります．

これらの実験の原型は，まさにジュール自身の古典実験の中に見ることができます．熱の仕事当量といえば，まずジュールの名が思い出されますが，ジュールはじつにいろいろな方法で実験に取り組んでいるのです．

ただ，羽根車で水を撹拌するという教科書でも必ずとりあげられている著名な方法を除けば，その詳細はあまり知られていません．羽根車による方法ですら，歴史的図版とともにその原理と結果のみが記されているだけで，具体的な実験内容については，必ずしもよく知られているとはいえません[11]．ジュールやその実験に関する多くの著書・論文[12～15]でもあまりかわりません．ここでは，ジュール自身がどのような方法でどのように実験したか[16]，その具体的な内容をできる限り原論文にそって見てみたいと思います．

2. ジュールの原論文の所在

熱の仕事当量に関するジュールの論文は，1840 年に始まり，1878 年までほぼ 40 年にわたって発表されました．このように長い年月にわたって，一人の人間の生涯がかけられた研究も数少ないといえます[17]．

ジュールの論文は，主として，イギリス王立協会の機関誌に発表されました．これらの古い原雑誌もわが国の複数の図書館に所蔵されていますので，閲覧は難しくはありません．ただ，便利なのは，19世紀末に刊行された『ジュールの科学論文集』[18] 全2巻（1884，1887）です．本書の第1巻は，本文657ページで101篇の論文が，同じく第2巻は，本文391ページで14篇の論文が収められています．本書を通して，ジュールの全論文，全科学的活動を見ることができます．本書もいくつかの図書館に所蔵されていますし，復刻版も出ています（1963）．

わが国においては，戦後まもない1949年にジュールの主な原論文が邦訳され，『ジュール・エネルギーの原則』[19] として出版されています．

3．電気的方法による実験

ジュールの研究は，電気的な研究，つまり電磁力を用いてエンジンを作るという研究から始まりました（1838）．つづいて，電流による発熱作用の研究へとすすみ，今日のジュールの法則を発見しました（1840）．さらに，熱と力学的な仕事との関係という研究に入り，熱の仕事当量の測定実験を始めています．その結果は，まず1843年に，「磁電気の熱作用と熱の力学的値」[20] と題して発表されました．のちに，1867年にも，ジュールは，この方法で実験をくり返し，その結果は，「電流の作用による熱の力学的当量の測定」[21] と題して発表されました．ここでは，1843年の論文の内容を紹介してみます．

実験は，磁場（大きな電磁石）の中でコイル（小さな電磁石）を回転させ，そのときに生ずる誘導電流による発熱量を測定しようとするものです（図5-1は原論文に掲載されている3つの図をひとつにまとめたものです）．

ジュールは，本論に入るに先だち，予備的な2つの実験について述べています．それは，まず誘導電流によってコイルに生ずる熱も，ボルタ電流によって生ずる熱も同じ法則に支配されているかを問う実験です．電流の発生方法が異なる以上，これは最初に問わねばならぬ問題でした．このとき，実験は，図のハンドルを手回しで回転させました．次に，ジュールは，外部から回転コイルにボルタ電気を流すと同時に，そのコイルを手回しで回転させるという実験を

おこないました．それは誘導電流が流れているコイルに，電池からの電流も重ねておくるという実験でした．その結果，回転の向きに応じて誘導電流は弱められたり，強められたりしました．弱められる場合は，モータの作用をして外へ仕事をしており，その結果熱が消滅しました．また，強められる場合は，発電器の作用をして，仕事を消費し，その結果熱が発生しました．

こうして，誘導作用で，熱を発生させたり，消滅させたりできるのです．次の問題は，そのときの仕事と熱量との間の定量的関係を求めることでした．

仕事の量を精密に測定するために，コイルの回転は，2つのおもりの落下によっておこなわせました．実験の一例は，次のようでした．

たとえば，コイルの回転が毎分600回転のとき，この回転を保つために，1個5ポンド3オンス（約2.4 kg）のおもりを2個必要としました．電磁石の電

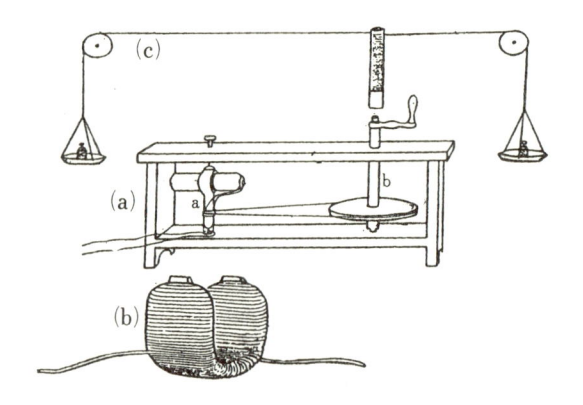

(a) 装置本体
 a 回転コイル（電磁石）部分　電磁石は水の入ったガラス管内に入れられている．ガラス管の長さは8インチ$\frac{3}{4}$（約22.2 cm），外径2.33インチ（約5.9 cm），このガラス管は，木片に差し込まれ，回転部分となる．
 b 手回しハンドル
(b) 外部電磁石
 両極間距離10インチ（約25.4 cm），幅8インチ（約20.3 cm）
(c) 駆動装置
 おもり（鉛）の質量2個で10ポンド6オンス（約4.7 kg），落下距離517フィート（約160 m）

図5-1　電気的方法による実験装置（1843）

池をはずして抵抗力を測定すると，2 ポンド 13 オンス（1.3 kg）でしたから，電磁力に打ち勝つのに必要な力は 2 ポンド 6 オンス（1.1 kg）となります．おもりの落下距離は総計 517 フィート（約 160 m）でした．

一方，回路に生じた電流は，ガルバノメータの振れで測定されました．この電流による温度上昇は 1.85°F（約 1.03℃）でした．なお，上昇温度は，水の入ったガラス管内にさしこんだ細い温度計で測定しました．また，装置全体の温度上昇は，2.46°F（約 1.37℃）と換算され，さらに，水 1 ポンドあたりに換算すると，2.74°（約 1.52℃）となりました．これだけの温度上昇をさせるのに，結局 4 ポンド 12 オンス（約 2.2 kg）のおもりを 517 フィート（約 160 cm）持ち上げる仕事をしたことになりますから，これは，水 1 ポンドを 1°F 温度上昇させるのに，1 ポンドのおもりを 896 フィート（約 273 m）持ち上げる仕事に相当します．実験は慎重にくり返され，1001，1040，1026，587，747，860 フィート・ポンドというかなり幅のある値が得られていますが，最終的には，838 フィート・ポンドになると結論づけています．

なお，本論文の末尾で，水が狭い管を通過するときの発熱現象にふれ，本実験からも，770 フィート・ポンドの値を得ています．

1867 年の論文でも，ジュールは，同じ電気的方法で実験をくり返しています．その結果得られた値は 782.5 フィート・ポンドでした．

4．空気の断熱圧縮・膨張を利用する実験

ジュールは，空気を断熱圧縮，あるいは断熱膨張させる実験をもおこない，この実験から熱の仕事当量の値を求めています．論文は，「空気の膨張および圧縮による温度変化について」[22]と題し，1844，1845 年に発表されました．空気を断熱圧縮させる実験は，次のようにおこなわれました（図 5-2）．

水（45 ポンド 3 オンス，約 20.5 kg）を入れた熱量計（6 ポンド，約 2.7 kg）の中に圧縮ボンベ R と空気ポンプ C を入れ，このときの水温を測定します．次にポンプをはたらかせて，空気を圧縮すると温度上昇しますから，熱量計の中の水を攪拌して，温度が一様になってから，そのときの水温を読みとります．実験の結果，水温の上昇は，0.344°F（約 0.19℃）でした．これは，容器の水

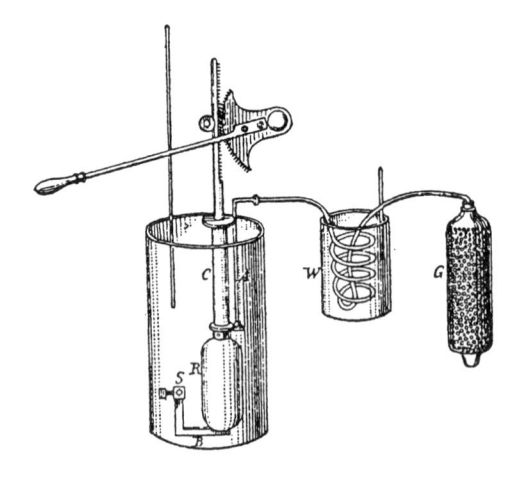

R：圧縮ボンベ（銅製）　質量 14 ポンド（約 6.5 kg），容積 136.5 立方インチ（約 2,200 cm³），長さ 12 インチ（約 30.5 cm），外径 4.5 インチ（約 11.4 cm）

C：空気ポンプ　長さ 10.5 インチ（約 26.7 cm），内径 $1\frac{3}{8}$ インチ（約 3.5 cm）

W：低温の水槽

G：容器（塩化カルシウム入り）

熱量計（円筒容器，錫ひき鉄製）質量 6 ポンド（約 2.7 kg）水の質量 45 ポンド 3 オンス（約 20.5 kg）

図 5-2　空気の圧縮による実験装置（1845）

当量を考慮にいれて換算すると，水 1 ポンドあたり，13.628°F（約 7.56℃）に相当しました．

次に圧縮で消費される仕事は，次のように計算されました．水銀柱 30.20 インチ（約 76.7 cm）の圧力の 2,956 立法インチ（48,000 cm³）の乾いた空気を 136.5 立法インチ（約 2,200 cm³）まで圧縮しました．このときの仕事 W は，

$$W=\int_{v_1}^{v_2}p\,dx=kw=\int_{v_1}^{v_2}\frac{dv}{v}=k\ln\frac{v_2}{v_1}$$

で与えられます．ここで，k は，ボイルの法則より，

$k = p_2v_2 = \rho\,h_2v_2 = 0.491$（ポンド／立法インチ）×30.2（インチ）× 2,956（立法インチ）＝ 3,652 フィート・ポンド

で，$v_1 = 136.5$ 立法インチを入れて，

$W = 11220.2$ フィート・ポンド

となります．したがって，熱の仕事当量の値として，

$$\frac{11220.2\ \text{フィート・ポンド}}{13.628°\text{F}} = 823\ \text{フィート・ポンド}$$

が得られました．

逆に，空気を膨張させる実験は，次のようにおこなわれました（図 5-3）．

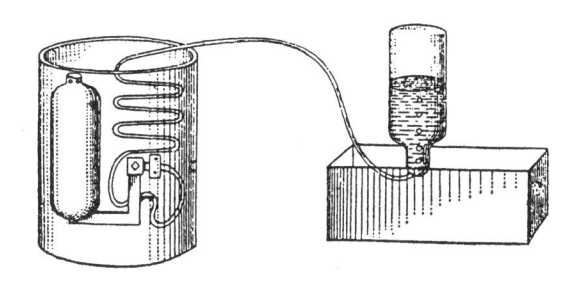

第5章　一定の仕事からどれだけの熱が発生するか

空気ボンベ（銅製）　質量14ポンド（約6.5 kg）容積 134 立方インチ（約2,200 cm³）
管コイル（鉛製）　質量 8 ポンド（約3.6 kg）長さ12ヤード（約11 m）
熱量計（円筒容器，錫ひき鉄製）7ポンド（約3.2 kg）
水の質量　21.17 ポンド（約9.6 kg）

図5-3　空気の膨張による実験装置（1845）

　乾いた空気がつめこまれた空気ボンベに，管コイルをねじつけ，全体を水（21.17ポンド，約9.6 kg）の入った熱量計に入れて，水温を測定します．次に，コックを開いて，圧縮空気を水槽の中へ導きます．ボンベの中の空気がすっかり大気圧になったとき，水をよく攪拌して，温度を測定します．測定の結果，0.1738°F（0.096℃）だけ下がっていました．これは，容器の水当量を考慮に入れて換算すると，1ポンドの水の 4.085°F（約2.27℃）の冷却に相当しました．

　一方，仕事については，圧縮空気の体積は 2,859 立法インチ（約 46,000 cm³）で，流出した空気の体積は 2,723 立法インチ（約 45,000 cm³）でした．これは，1 立法インチの大気柱を2,723インチ（約69.2 m）の高さまで上げうる仕事に相当しました．言い換えると，3,352 ポンド（約 1,520 kg）のおもりを1フィート上げる仕事に相当します．したがって，熱の仕事当量の値として，

$$\frac{3,352 \text{フィート・ポンド}}{4.085°\text{F}} = 820 \text{フィート・ポンド}$$

が得られました．同様な実験で，814,760 フィート・ポンドなどの値を得ています．

5. 羽根車による液体の攪拌実験

　熱の仕事当量の測定実験といえば，羽根車を使って水を攪拌する方法が思いだされます．この方法で，ジュールは，何度もくり返し実験をおこなっています．

　最初の報告は，1845年に出され，つづいて1847, 1848, 1850, そして1878年へと引きつがれています．中でも，1850年の論文は，「熱の仕事当量について」[23]と題し，詳細でよくまとまって，よく知られるものです．教科書などに掲載される図も本論文に挿入されている図がもとになっています（図5-4）.

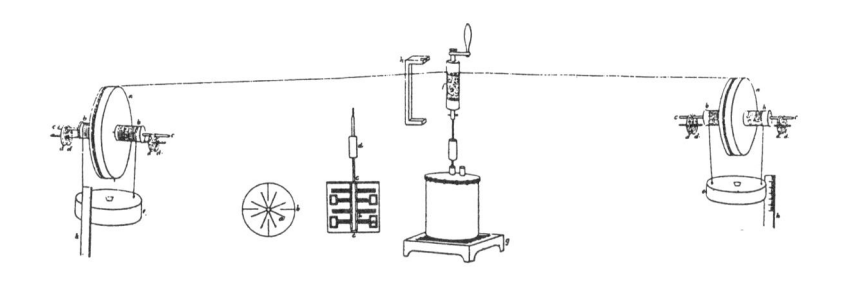

図5-4　水の攪拌による実験装置（1850）

　ここでは，ジュールの最終報告でもある1878年の論文の内容を紹介します．論文は，「熱の仕事当量の新しい測定」[24]と題して発表されました．

　本実験は，1850年までの実験と同様に羽根車で水を攪拌するという原理は同じですが，具体的な方法では異なっています（図5-5）.

　2つのおもりの落下によって熱量計の中の羽根車を回転させるというのではないのです．おもりは，熱量計の周囲の溝に巻きつけられた糸につながっているだけです．羽根車の回転は，ハンドルでおもりの高さがつねに一定になるようにして，つまり，おもりを静止させておこないます．したがって，仕事は，熱量計が回転するのを妨げるのに必要な力と，その力を加えた点における変位から求められることになります．

　実験は，次のようにおこなわれました．水を満たした熱量計の質量を測ります．これを回転軸に取りつけ，絹糸をかけて，2つのおもりに結びつけます．

第5章 一定の仕事からどれだけの熱が発生するか

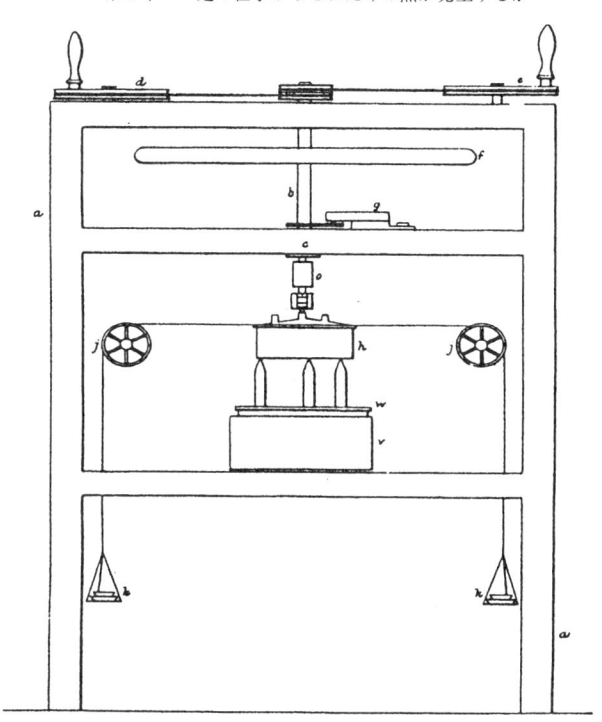

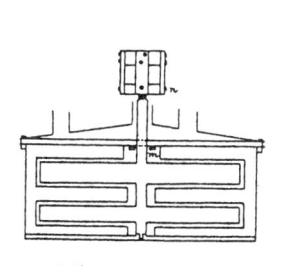

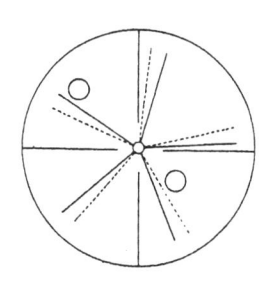

de ：回転ハンドル
f ：はずみ車
g ：回転計
k ：熱量計 水の質量 79,500 グレイン（約 5.1 kg）
wv ：水圧支持台（2つの容器 wv の間に水を注ぎ，一定の力で熱量計の底を押し上げている）
kk ：おもり（鉛）質量 14619.5 グレイン（約 950 g）2個，一定の高さに固定

図 5-5　水の攪拌による実験装置（1878）

温度計で水を読みとります．次に，ハンドルを回して，羽根車で水を攪拌します．このとき，おもりが一定の高さにあるように注意します．回転をやめて，もう一度水温を読みとります．

実験の結果は，たとえば，水と熱量計の容量 C が 84,359.5 グレイン（約 5.5 kg）で，14,619.5 グレイン（約 950 g）のおもり W をつりさげ，回転数 R を 5545 回転にして水を攪拌したとき，水の温度上昇 T は，44.478 目盛（1 目盛 V は，0.077214°F）でした．また，熱量計の周囲の溝の長さ P は，2.77386 フィート（約 84.5 cm）でした．このとき，仕事量は，RWP で与えられ，2.2486×10^9 となります．一方，発熱量は，CTV で与えられ，2.8972×10^5 となります．したがって，熱の仕事当量の値は，RWP/CTV より，776.15 フィート・ポンドとなりました．

このような実験を，ジュールは実験 1～5 として，各実験で多いときには 20 回もおこなっています．1 回の実験で，40～50 分かかります．かなりの時間です．ジュールは，実験地の高度や緯度を考慮に入れ，さらに真空値に換算して，結論として，772.55 フィート・ポンドの値を得ています．

ジュールは，水以外にも他の液体，たとえば，鯨油や水銀でも同様な実験をおこなっています．鯨油については，1847 年の論文で，水銀については，1847 年と 1850 年の論文でそれぞれ報告されています．ここでは，著名な 1850 年の論文の水銀を使った実験の部分を簡単に紹介してみます．

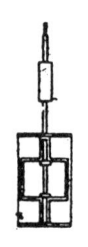

熱量計（鋳鉄製）の質量	68,446 グレイン（約 4.4 kg）
水銀の質量	428,292 グレイン（約 27.7 kg）
おもり（鉛）の質量 例	406,099 グレイン（約 26.3 kg）
落下速度	2.43 インチ/s（約 6.2 cm/s）

図 5-6　水銀の攪拌による実験装置（1850）

第5章　一定の仕事からどれだけの熱が発生するか

　水銀の攪拌実験に際しては，同じ論文で報告された水の攪拌実験で使われた装置よりも小型のものが使われました（図5-6）．なお，羽根車を回転させる駆動装置は，水の攪拌実験で使われたものがそのまま使われました．

　熱量計（68,446グレイン，約4.4 kg）に入れられた水銀の質量は，428,292グレイン（27.7 kg）でした．2個のおもりの質量は，406,099グレイン（約26.3 kg）で，このおもりの落下（1,262.732インチ，約32.1 m）によって，回転軸が回転し，羽根車によって水銀が攪拌されます．したがって，仕事は，両者の積で与えられますが，滑車の摩擦や運動エネルギーの損失，さらに糸の弾性をさしひいて，6,077.939 フィート・ポンドとなります．このときの温度上昇は，装置の水当量を考慮して，22,071.68グレイン（約1.4 kg）あたり，2.491218°F（約1.38℃）でした．これは，水1ポンドあたり，7.88505°F（約4.38℃）の温度上昇に相当します．したがって，熱の仕事当量の値として，6077.939 / 7.88505より，773.762フィート・ポンドが得られました．他の実験結果と平均し，さらに真空中の値に換算して，最終値としては，774.083フィート・ポンドを得ています．

6．固体の摩擦による実験

　ジュールは，1850年の論文の最後の項目で，鋳鉄の摩擦による実験も述べています（図5-7）．

　水銀の入った鋳鉄容器の中には，鋳鉄製の回転する円板があり，それを外からのレバーで下降する円板とこすりあわせるようになっています．実験は，実験4，5として，合わせて20回おこなわれました．1回の実験には，約40分かかります．鋳鉄の容器の質量は44,000グレイン（約2.8 kg），中に入れた水銀の質量は，20,435グレイン（約1.3 kg），おもりの質量は，406,099グレイン（約26.3 kg）でした．落下距離は，1,260.02インチ（約32 m）で，落下速度は3.12インチ／秒（約7.9 cm / s）でした．このときの仕事は，水銀の摩擦実験のときと同様に種々の影響を考慮に入れて，5,980.955フィート・ポンドと求められました．影響の中でも，鉄の摩擦によって生ずる音の損失をも計算されました．チェロの弦でこのときに生ずる音と等しい音を発生させ，エネ

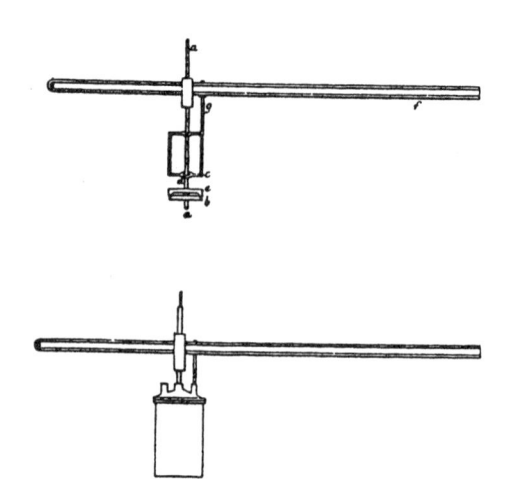

熱量計（鋳鉄製）の質量	44,000 グレイン（約 2.8 kg）
水銀の質量	20435 グレイン（約 1.3 kg）
おもり（鉛）の質量	406,099 グレイン（約 26 kg）
落下速度	3.12 インチ/s（約 7.9 cm/s）

図 5-7　固体の摩擦による実験装置（1850）

ルギー損失が計算されたのです．このときの温度上昇は，4.303°F（約 2.39℃）で，容器の水当量は，11.79607 グレイン（約 760 g）でした．これは，水 7.6953 ポンド（約 3.5 kg）における 1°F の温度上昇に相当します．したがって，熱の仕事当量の値として，5,980.955/7.6953 より，776.997 フィート・ポンドが得られます．実験をくり返し，また，真空中の値に換算して，このときの最終値は，774.987 フィート・ポンドでした．

最後に，ジュールの熱の仕事当量の測定結果を表にまとめてみました（**表 5-1**）．

7．執念ともいえるジュールの研究

　ジュールの生涯をかけた探究過程を見て，熱の仕事当量の精密値をめざす執念ともいえる研究活動に，いまさらながら驚嘆せずにはいられません．それとともに，ジュールがいかに実験を緻密におこなっているか，これもひしひしと伝わってきます．ひとつの実験回数が多いことはもちろんのこと，誤差の除去

第5章 一定の仕事からどれだけの熱が発生するか

表5-1 ジュールによる熱の仕事当量 J の測定結果

発表年	熱の仕事当量 J		方　　法
	原単位〔フィート・ポンド〕	今日の単位〔J / cal〕	
1840	───	───	電流による発熱に言及
1843	838	4.51	電流による発熱
	770	4.15	細管中を通る水の発熱
1844	823	4.43	断熱圧縮による発熱
1845	795	4.28	同上（規模大）
	820	4.41	断熱膨張による冷却
	814	4.38	同上
	760	4.09	同上
	890	4.79	羽根車による攪拌（水）
1847	781.5	4.207	同上（水）
	782.1	4.210	同上（鯨油）
	432.1*	4.240	同上（水銀）
1848	771	4.15	同上（水）
1850	772.692	4.15951	同上（水）
	774.083	4.16700	同上（水銀）
	774.987	4.17187	固体の摩擦（鋳鉄）
1867	782.5	4.212	電流による発熱
1878	772.55	4.1587	羽根車による攪拌（水）

（注）原単位のフィート・ポンドとは，水1ポンドを温度1°F上げる仕事を，1ポンドのおもりを何フィート持ち上げる仕事に相当するかで表したものである．今日の単位は，1フィート＝ 0.30480 m，1ポンド＝ 0.453592 kg，重力加速度＝ 9.8118m / s^2（イギリス値），1℃＝ 5/9°F を用いて，

1フィート・ポンド

$$= \frac{0.453592 \text{ kg} \times 9.8118 \text{m}/\text{s}^3 \times 0.30480 \text{ m}}{0.453592 \times 10^3 \text{ g} \times 5/9℃}$$

$= 5.3831 \times 10^{-3}$ J / cal

より，換算した．（*の単位は g·m）．

にいかに細心の注意を払っているかは，鋳鉄の摩擦実験の際に生ずる音のエネルギー損失までも考慮に入れていたその一事でも十分にわかります．今日，仕事，エネルギーの単位として，ジュール J が用いられるのも，なるほどとうなずかれます．

――――文　献――――

1）藤岡由夫，朝永振一郎監修『物理実験事典』（講談社，1973）pp.444-446.
2）実験機器調査委員会：「仕事当量実験器の調査報告」，『日本物理教育学会誌』Vol.24, No.2, 101-104（1976）.
3）中林勝夫：「熱の仕事当量の実験についての試み」，『日本理化学協会研究紀要』Vol.14, 148-151（1983）.
4）榎木成己：「力学的エネルギーの消失による熱の発生を調べるための実験器具の開発」，『日本理科教育学会研究紀要』Vol.20, No.1, 9-15（1979）.
5）中田哲夫：「振り子の衝突による仕事と発熱量の演示」，『高理編（物理・地学）』No.195, 9-11（啓林館，1984）.
6）西藤昭夫：「氷熱量計を用いた熱の仕事当量の測定実験器」，『科学の実験』Vol.27, No.2, 349-352（1976）.
7）秋山和義：「ジュールの実験装置による熱の仕事当量の測定」，『日本理化学協会研究紀要』No.11, 42-45（1979）.
8）西條敏美，吉谷篤志，村瀬文雄：「水の攪拌による熱の仕事当量測定装置の製作と実験結果－ジュールの実験（1847）の復原－」，『日本物理教育学会誌』Vol.32, No.3, 170-173（1984）.
9）中村美津子，近藤英明：「高校教材用「ジュールの実験装置」の製作」，『日本物理教育学会誌』Vol.32, No.3, 174-178（1984）.
10）山田大隆：「ジュールの水攪拌摩擦熱量計の製作と実験」，『月刊高校通信東書物理』No.231, 5-7（東京書籍，1985）.
11）詳しい紹介は，山田大隆：「ジュールの水熱量計－その考察と原寸再現」，『教材研究物理』No.15, 5-12（数研出版，1984）.
　　山田大隆：「ジュールの水攪拌摩擦熱量計の構造について」，『日本理化学協会研究紀要』No.16, 11-14（1985）.
12）渡辺正雄：「熱の機械的当量の発見」，『文化史における近代科学』（未来社，1963）pp.181-212.
13）高林武彦「エネルギーの原理のなりたちをたずねて－ジュールを中心として」，『科学史体系3　近代科学発展史』（中教出版，1952）pp.77-161.
14）ダンネマン著，安田徳太郎訳編『大自然科学史』第10巻（三省堂，1979）pp.267-278.
15）マッハ著，高田誠二訳『熱学の諸原理』（東海大学出版会，1978）pp.237-269.
16）ジュールを除く他の人々の熱の仕事当量の探究史については，西條敏美：「物理定数の探究史（II）－熱の仕事当量－」，『徳島科学史雑誌』No.4, 15-24（1985）．のち，西條敏美著『物理定数の探究史』（徳島科学史研究会，1996）pp.29-38．西條敏美著『物理定数とは何か』（講談社ブルーバックス，1996）pp.69-89.
17）ジュールの人と業績をまとめた成書として，D. S. L.Cardwell：*James Joule, A biography*（Manchester U. P., 1989）.

第5章 一定の仕事からどれだけの熱が発生するか

18) *The Scientific Papers of James Prescott Joule* 2 Vol.s. 1884, 1887. (reprinted by Dawsons of Pall Mall, 1963)
19) 矢島祐利訳著『ジュール・エネルギーの原則』(日本科学社, 1949).
20) J. P. Joule : "On the Calorific Effects of Magneto-Electricity, and on the Mechanical Value of Heat", *Phil. Mag.*, ser.3, Vol.23, pp.263, 347 and 435 (1843). *Scientific Papers* I (1884) pp.123-159. 矢島祐利訳著『エネルギーの原則』(1949) pp.21-45.
21) J. P. Joul e: "Determination of the Dynamical Eqivalent of Heat from the Thermal Effects of Electric Currents", *Rep. Brit. Assoc. Dundee* (1867). *Scientific Papers* I (1884) pp.542-557. 矢島祐利訳著『エネルギーの原則』(1949) pp.96-114.
22) J. P. Joule : "On the Change of Temperature produced by the Rarefaction and Condensation of Air", *Proc. Roy. Soc.*, (1844), *Phil. Mag.*, ser.3 (1845). *Scientific Papers* I (1844) pp.171-189. 矢島祐利訳著『エネルギーの原則』(1949) pp.46-60.
23) J. P. Joule : "On the Mechanical Equivalent of Heat", *Phil. Trans.*, Part I (1850). Scientific Papers I (1884) pp.298-328. 矢島祐利訳著『エネルギーの原則』(1949) pp.70-95.
24) J. P. Joule : "New Determination of the Mechanical Equivalent of Heat", *Phil. Trans.* (1878). *Scientific Papers* I (1884) pp.632-657. 矢島祐利訳著『エネルギーの原則』(1949) pp.115-142.

第6章
音速の理論式の成立をめぐって
── ニュートンとラプラス ──

メルセンヌ（1588〜1648）

ニュートン（1643〜1727）

ラプラス（1749〜1827）

ラグランジェ（1736〜1813）

1. 音速の式

空気中の音速は，気温が 0℃のときには約 331.5 m/s で，気温が 1℃上がるごとに 0.6 m/s ずつ速くなります．したがって，t 〔℃〕の音速 v 〔m/s〕は，
$$v = 331.5 + 0.6\,t \tag{1}$$
で与えられます．このことは，初等物理を学んだものなら，みな知っています．

この式は実験にもとづく近似式です．厳密には，そのときの気圧を p 〔N/m³〕空気の密度を ρ 〔kg / m³〕とすれば，
$$v = \sqrt{\gamma \frac{p}{\rho}} \tag{2}$$
で与えられます．ここでは γ は空気の定積モル比熱 Cv と定圧モル比熱 Cp の比，つまり比熱比 $\gamma = Cp / Cv$ を表わしています．具体的には，空気の主成分は酸素と窒素でいずれも 2 原子分子ですから，$Cv = 5R / 2$，$Cp = 7R / 2$（R は気体定数）となって，$\gamma = 7 / 5 = 1.4$ となります．

音速は，光速に比べてずっと遅いので，近代科学が生まれはじめたころのあつかいやすい研究テーマとして，多くの人が実験にとりくみました．理論的な研究からは，気体熱力学の基礎が打ち立てられました．

2. 測定以前

音と光は，しばしば引き合いにだされますが，音速が光速に比べて，きわめて遅いということは，かなり古くから知られていました．たとえば，木こりが遠方で木を切る光景を見たとき，音は，木こりが斧を振りおろした瞬間には聞こえず，少し遅れて聞こえるという体験をしたことでしょう．また，雷鳴を耳にするのは，電光を目にするときより遅れるのも，音速が光速より遅いということの現れです．このことは，すでに紀元前 1 世紀のルクレティウスが指摘しています[1]．

紀元前 4 世紀のアリストテレスの著作，たとえば『自然学小論集』[2] を見ると，音速が音の高さによって異なるかどうかについて議論しています．「協和音は，同時に到着しているようにみえるが，同時に到達しているのではないと

いうことが言われている．この説ははたして正しいだろうか」と書いています．

協和音は，ピタゴラス以来の研究テーマでしたが，協和音の各音の速さは，いずれも同じではないかという指摘です．ほぼ同時代のテオフラストスは，この問題について，より明解に次のように書いています[3]．

> 鋭い音も重い音と速さにおいては差がないであろう．なぜなら，かりに異なるとすれば，高い音の方がさきに聴覚をとらえ，したがって協和というものはなくなるだろうからである．もし，協和があるなら，両方とも同じ速さで進む．

また，アリストテレスは，『霊魂論』[4]の中で，「音の主要な原因は，堅いもの相互間の打撃と空気に対する打撃とがなされることである」として，空気という媒質の必要性をも指摘しています．

しかしながら，古代・中世の期間を通して，音速を具体的に測定しようとする実験はなされなかったようです．また，真空技術の発達していないこの時代においては空気という媒質が音の伝播に必要であることを実験を通して証明することはできませんでした．音についての科学的研究もまた近代まで待たねばならなかったのです．

3．最初の音速の測定実験

音速の最初の測定者として，普通その名があげられるのは，フランシスコ会修道士メルセンヌです．彼と同時代のガッサンディ[5]を音速測定の草分けとして重視する人もいますが，数多くの著述を著し，実験にもとづいた科学的音響学の創始に貢献したのは，メルセンヌといってまちがいないでしょう．

メルセンヌの音響学の主著は，『普遍的和声』（1636，1637）です（図 6-1）．本書の中で，ある一点で砲声を発し，既知の距離だけへだたった他の一点で閃光が見えてから音が聞こえてくるまでの時間を測定し，音速を測定する実験が述べられています[6]．

この実験の原理は，すでにフランシス・ベーコンが提案したものです．彼は，

1627年『森の森』という著作のなかで，次のように明確に述べています[7]．

　寺院の尖塔に，ろうそくを手にして人を立たせ，ろうそくの前にヴェールをおく．もう一人を1マイル離れた野原に立たせる．そして，尖塔にいる人に，鐘を打つと同時にヴェールを除かせる．野原にいる人には，光が見えたときと音が聞こえたときとの時間差を，自分の脈で測ってもらう．というのは，光のひろがりが瞬間的であることは，疑いないからである．光と音を大きくすると，距離をもっと離しても，これで測れるだろう．

図6-1　メルセンヌ著『普遍的和声』（1636, 1637）の扉

　メルセンヌは，時間の測定には，はじめは脈拍を用いていましたが，やがて，1脈拍（約1秒）で1回振動する振り子を用いて，くり返し実験をおこないました．その結果音の強弱にかかわらず，また，声，ピストル，マスケット銃な

ど音の種類にかかわらず,音は空気中を同一の速度で進むこと,具体的には1秒間に230トアズ(1トアズは約1.95 m)進むことを明らかにしたのです.

メルセンヌは,また音源から発せられた音が反射体にあたり,はねかえってくるまでの時間を計るという方法でも音速の測定実験をくり返しました.この結果は162トアズ/秒(316 m/s)でした.つまり,砲声による直接音の測定実験から230トアズ/秒(448 m/s),反射音の測定実験から162トアズ/秒(316 m/s)を得ていますが,最終的には,230トアズ/秒(448 m/s)を音速値として,採用しています.

なお,2つの方法による測定値にくい違いが見られる理由として,反射音の測定実験の場合には,音の観測者自らが音を発生させるので,反応時間の誤差が少なくなりますが,直接音の測定実験の場合には,音の発生者がいつ発砲するか観測者の意のままにならず,反応時間の誤差が大きくなるからと考えられました.

なお,最初に述べたガッサンディについて評価されていることは,音速が音源の強さに関係しないということを,メルセンヌ以上にはっきりと指摘したことです.

4. その後の音速の測定実験

音速の測定実験は,その後も多くの科学者に引き継がれておこなわれました.近代科学が誕生して,実験的方法が確立してくると,身近な音の速度決定が主要なテーマのひとつとなったのです.また,とくに,ニュートンが1687年『プリンキピア』の中で音速を理論的に考察し,その理論値とそれまでの実測値が一致しなかったことから,ますます音速の測定実験の重要性が認識されました[8].最初の実験アカデミー,イタリアのアカデミア・デル・チメントでは,当時の大公フェルディナンド2世の指示のもと,ガリレイの弟子ボレリとヴィヴィアーニとによって,1656年に音速の測定実験がおこなわれました.

実験は,銃声による直接音を測定する方法がとられました.フィレンツェのある新道の一端にボレリが立ち,音源との中点にはヴィヴィアーニが立ち,時間測定には,たがいに等しい振動数になるように調整された振り子が使われました.

結論としては，「15.5振動中に，音は1.2マイル，つまり3,600ブラッチア進行した」という曖昧な文言しか書かれていません．振り子の長さや周期については，一切明記されていないのです．しかし，この実験から得られた音速の値は，361 m/sと推定されています．

パリの科学アカデミーでも，初期の活動のひとつとして，音速の測定実験をおこなっています．1677年カッシーニ，ホイヘンス，ピカート，レーマーらが担当して，同様な実験がおこなわれました．この実験から得られた音速の値は，1,097パリフィート／秒（356 m/s）でした．イギリスの王立協会では，フラムスティードとハレーによって，1708年実験がおこなわれています．結果は，1,071パリフィート／秒（348 m/s）でした．

ニュートンの理論値と実測値とのくい違いは，『プリンキピア』刊行後50年経過してもまだ未解決でしたので，パリの科学アカデミーでは，1738年ふたたび音速の測定実験がおこなわれました．実験は，この上なく周到におこなわれ，18世紀におこなわれた実験のうちで，もっとも信頼されているものです．

実験の原理は，これまでの実験と同じですが，大砲は，風の影響を除くために18マイルの基線上の両端で交互に発砲されました．また，音速に対して気温が関係することはまだ知られていなかったのに，各測定地点で温度を記録していました．このデータが残っていたので，後で本実験の再評価が可能となったのです．その結果，0℃の空気中の音速として，332 m/sが得られたのです．これは，現在の値とよく一致しています．

5. ニュートンの音速理論

実測値とくい違っていたとはいえ，最初に音速の理論を立てたのは，ニュートンです．

『プリンキピア』の初版（1687）では，理論だけでなく，ニュートンみずからがおこなった実験をも記しています．

トリニティ・カレッジのネーヴィルヌコートの回廊（208英フィートの距離）の一端で音を発し，反射音が返ってくるまでの時間をいろいろな長さの振り子を揺らせて測定しました．音は，416英フィートを8インチの振り子の1振動

第6章 音速の理論式の成立をめぐって

よりも短く，5.5 インチの振り子の 1 振動よりも長い時間かかることがわかりました．その結果，ニュートンは，音速を 920 英フィート／秒（280 m/s）と 1,085 英フィート／秒（331 m/s）の間にあるとしました．

理論的には，『プリンキピア』第 2 篇の終わりの部分に詳しく論じています．第 8 章の命題48・定理38 で，流体中の脈動の速度を次のように与えています．

> 脈動が弾性的な流体中を伝えられてゆくそれぞれの速度は，流体の弾性力がそれの圧縮され方に比例すると仮定するかぎりにおいて，（流体の）弾性力の比の平方根と（流体）の密度の逆比の平方根との積の比にある．

ここでニュートンのいっている弾性力とは，今日から見ると，体積弾性率 k〔N/m^2〕の意味です．すると密度を ρ〔kg/m^3〕とすれば，流体中の波の伝わる速さ v〔m/s〕は，

$$v = \sqrt{\frac{k}{\rho}} \tag{3}$$

で与えられます．ところで，空気の圧力 p〔N/m^2〕を用いてこの式を表わしたらどうなるでしょうか．体積弾性率 k は，圧力変化 $\mathrm{d}p$ と体積変化 $\mathrm{d}V/V$ との比を示すものなので，

$$\mathrm{d}p = -k \frac{\mathrm{d}V}{V} \tag{4}$$

で与えられます．この式と $\rho V =$ 一定（つまり気体の質量は変化しない）の関係式から，

$$v = \frac{\mathrm{d}p}{\mathrm{d}\rho} \tag{5}$$

が与えられます．

ここでニュートンは，音が伝わるときの空気の局所的な圧縮・膨張を等温変化であるとみなしました．このときには，ボイルの法則 $pV = a$（一定）が成り立ちますから，$p/\rho = a'$（一定），つまり，

$$p = a'\rho \tag{6}$$

となります．ニュートンが，命題 48・定理 38 の中で，「流体の弾性力がそれ

の圧縮され方に比例するかぎりにおいて」と前提条件を付けていますが，式(6) の意味と理解すればよいでしょう．式(6) より，dp/dρ = p/ρ となりますから，式(5) より，

$$v = \sqrt{\frac{p}{\rho}} \qquad (7)$$

が出てくることになります．これが圧力 p を使って表わしたニュートンの式です．ちなみに，0℃，1 atm のときは，$p = 1.01 \times 10^5 \mathrm{N/m^2}$，$\rho = 1.29 \mathrm{kg/m^3}$ ですから，式(7) より $v = 280$ m/s となり，実測値 331 m/s と約 15％くい違うことになります．

『プリンキピア』では，さきの定理につづいて，命題49，問題11で，「媒質の密度と弾性力とが与えられたとき，脈動の速度を見い出すこと」が具体的に述べられています．また，末尾には注解として，ニュートンが見つもった音速値が述べられています．初版(1687) では，968 フィート／秒(295 m/s) としました．そして，実測値は，866～1,272 フィート／秒(263～388 m/s) の間にあるとし，理論値は実測値とおおむねよく一致すると結論づけています．しかし，ウォーカ(1698) やダーハム(1708) の実験がおこなわれるや，理論と実験のくい違いは決定的なものとなりました．そこで，ニュートンは，第2 版(1713) では音速の理論値を改訂しました．基本的な考えは同じですが，空気中の値として 979フィート／秒(298 m/s) として，さらに「音が瞬時に伝わる空気の固体粒子の粗さに対する補正」や「空気中に含まれる水蒸気の弾性力に対する補正」を入れて，1,142フィート／秒(348 m/s) を音速値としたのです．第3 版(1726) でも同じ結果を採録しています．

6．ラプラスの音速理論

ニュートンの理論が実測値と一致しない原因を追究して，正しい音速理論を完成させることが，その後100 年間の課題となりました．最終的には，ラプラスが，1816 年に音速の理論を完成させましたが，その途上で貢献したのは，ラグランジェ，ビオー，ポアソンなどラプラスと同じフランスの数理物理学者たちでした．

第6章 音速の理論式の成立をめぐって

 ラグランジェは，1762年ニュートンの矛盾を解く最初の提案をおこなっています[10]．つまり，ニュートンは，空気の弾性は密度に比例するとしましたが（$p \propto \rho$），ラグランジェは，この弾性が密度のべき乗に比例し，しかも4/3乗に比例するならば（$p \propto \rho^{4/3}$），音速が実測値とよく一致することを示したのです．しかし，ラグランジェは，どちらかといえば，数式に対する直感から見ぬいたもので，物理的根拠が見い出せないという理由で，この仮説を捨ててしまいました．

 ビオーは1802年，空気の体積変化により生じる熱を考慮に入れなければならないとし，この立場に立った音の理論を，ラグランジェの解析力学の手法で展開しています[11]．ビオーは，空気の弾性が密度に比例しなくなるので，$p \propto \rho^{1+a}$として，理論を展開し，このとき音速は，熱を考慮に入れない時に比べて$\sqrt{1+a}$だけ大きくなるとしました．aについては「今のところ上式にあうようなわずかな温度変化に対する空気の弾性変化を，実験により直接知る手だてはない」としながらも，アモントンの実験を典拠として，$a=0.95$という値を算出しています．このとき，音速は，1,227.73 ピエ／秒（399 m/s）となり，大きすぎる値になります．しかし，この問題の重要性を述べるとともに，逆に音速の実測値から，温度変化を算出し，これが他の気体の膨張実験の結果と大きく変わらないことを述べています．

 ほとんど完成に近い論文を発表しながらも，ビオーは，ニュートンの権威の前にきわめて慎重でした．次の一文はなかなか興味深いものであります．

 私の与える証明がいかに強力に思えようとも，それらを私は疑念をもってしか提示しえない．あれほど慎重な自然の観察者の書物の中に誤りを発見したと信ずる者は，自分自身が誤りを犯しているのではないかと長い間疑い吟味せざるをえないからである．

 ラプラスは，こうした先行研究を踏まえ，1816年音速の理論を今日の形に定式化しました[12, 13]．

 ビオーがいう温度変化のともなう空気の体積変化は，今日，断熱変化と呼ばれています．このとき，空気の弾性は，もはや密度に正比例せずγ乗に比例す

るようになるのです．つまり，

$$p = a\rho^\gamma \tag{8}$$

と書けます．ここで，γ は，空気の定積モル比熱 Cv に対する定圧モル比熱 Cp の比，

$$\gamma = \frac{Cp}{Cv} \tag{9}$$

です．Cv と Cp の区別は 1810 年前後から気づかれていましたが，両者を明確に区別し，確立したのは，ラプラスのこの論文がはじめてでした．ラグランジェが $1+a$ とおいたべき数の物理的意味，つまり断熱変化を表わしていることを明らかにしたのです．

式 (8) より，$dp/d\rho = \gamma p/\rho$ となりますから，式 (5) に代入して，

$$v = \sqrt{\gamma \frac{p}{\rho}} \tag{10}$$

が与えられます．これが音速の理論式 (2) です．

ラプラスの 1816 年の論文をもって，音速の理論はほぼ完成したといってよいでしょう．ただ γ の値については，$\gamma = 1.4$ であることは判明しながらも，γ を精度よく実験的に求められていなかったという面があります．熱の仕事当量の測定で有名なジュールも，ほぼ 30 年もたった 1847 年に，「圧縮による空気の温度上昇を決定することは，これまで困難であった．それゆえ，ラプラスの理論は，まだ実験と完全に一致していない」[14] とまで述べています．実験的吟味がまだ残されていたのです．

7．ラプラス以後の実験と応用

ラプラスによって，音速の理論がほぼ完成されると，気体の膨張・圧縮から γ の精密値を求めるという実験がおこなわれましたが，逆に音速の精密値を測定することによって，γ の精密値を求めるという方向が出てきます．

また，距離と時間の測定から音速を算出するという直接的なものだけでなく，ガラス管の中で定常波をつくりそのときに使った音の振動数と定常波から求めた波長との積から算出する間接的なものも，広くおこなわれました（**表 6-1**）．

第6章 音速の理論式の成立をめぐって

表6-1 音速の探究史

人　名	発表年	音速 v [m/v]	備　考
ガッサンディ	1635		音速が音源の強さによらないことを指摘
メルセンヌ	1636	316	最初の本格的測定，砲声による直接音・反射音の測定
		448	
ボレリら	1656	361	
カッシーニら	1677	356	
ニュートン	1687	280〜331	『プリンキピア』で音速の理論発表 $v=\sqrt{p/\rho}$
		280（理論）	実測値と合わず，みずから実験をおこなう．
ホイヘンス	1690	330	『光についての論考』で採用した値
フラムスティードら	1708	348	
ニュートン	1713	348	『プリンキピア』第2版で実測値に合わすように修正
ニュートン	1726	348	第3版での推測値
パリ科学アカデミー	1738	332	18世紀の実験の中でもっとも信頼されている実験（0℃での値）
ラグランジェ	1759		数学的直観から，実験と合う理論を推定するが，物理的根拠が見いだせず放棄する．
ビオー	1802		気体の圧縮・膨張にともなう温度変化が，音速の問題を解決する鍵であることを指摘する
ポアソン	1807		同上
ベンゼンベルク	1811	333.7	0℃での測定値
		332.3	同上
ラプラス	1816		音速の理論完成 $v=\sqrt{\gamma p/\rho}$ 実測値と一致
ゴールティンハム	1821	331.1	0℃での測定値　以下同じ
プレウデス	1822	330.6	
ロングチューデス	1822	332.4	
スタンファーら	1822	332.4	
ブラヴェーら	1844	331.6	
ストーン	1871	332.4	
ルー	1871	330.7	
レグノー	1871	330.7	

（注）原単位を今日の単位 m/s に換算することは，難しい．ここでは，文献3）によって，長さの単位を次のように換算して算出した．(p.153)

　　　1トアズ＝6.3945 英フィート＝1.949 m，1 英フィート＝0.3048 m
　　　1 パリフィート＝0.3246 m

さらに，空気中の音速だけでなく，いろいろな気体中や，あるいは液体中，固体中の音速の測定もおこなわれました（図6-2, 6-3）．この速さの測定から，それぞれの媒質の力学的諸性質が明らかになっていたのです[15, 16]．

最近では超音波技術が進歩し，数々の計測や診断に利用されています[17]．

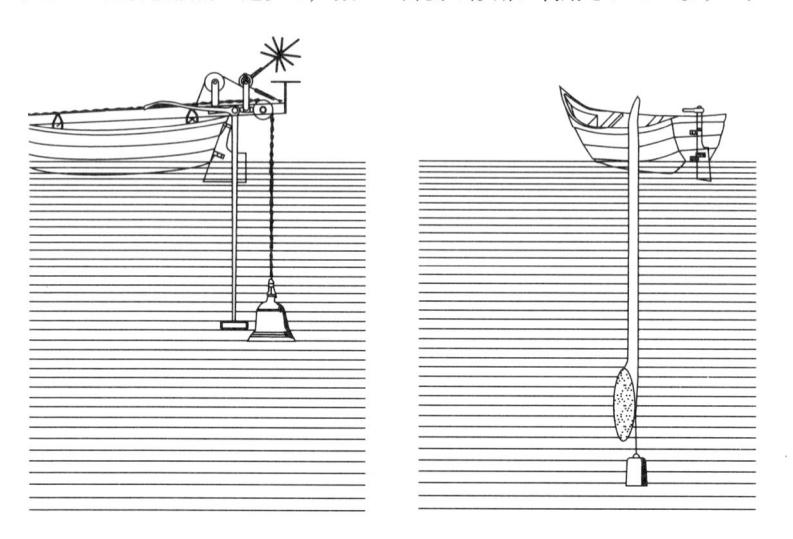

図6-2 コラドンとステュルムによる水中での音速測定（1827）
2隻のボートをジュネーブ湖上の対岸に浮かべる．一方のボート上で，ハンマーで鐘をたたく瞬間，ボートの上の明かりがつく．対岸のボートの上の観測者は，明かりが見えてから音が聞こえるまでの時間を測って，水中での音速を測定した．

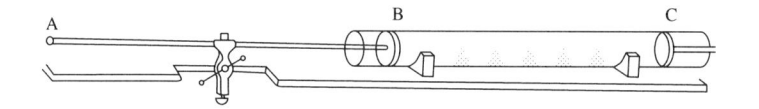

図6-3 クントによる個体中の音速測定（1866）
金属棒ABを縦に摩擦にて定常波を起こさせる．Cを出し入れして，BCの長さを加減すると，共鳴してガラス管内にも定常数が生じる．ガラス管内のあらかじめコルクの粉などを入れておくと，定常波の節のところに粉が集まるので，定常波の波長がわかる．気温がわかれば空気中の音速がわかるので，求めた波長を使って振動数がわかる．金属棒はこの振動数と共鳴しているので，金属棒に生じた定常波の波長から，金属棒中の音の速さがわかる．

付録1．音速の理論式の今日的導出

音速の理論式（2）は結局のところ，流体中の波の伝わる速さの式（3）に断熱変化の式（8）を組み入れることによって得られます．

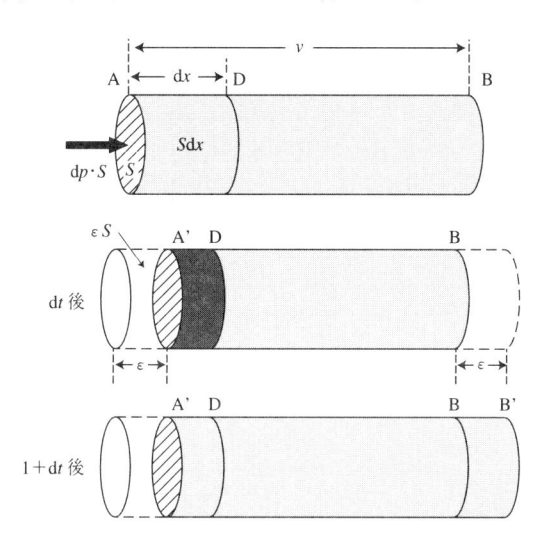

図6-4　円柱状流体に力をはたらかせたときの流体の移動

それではまず式（3）はどのようにして得られるのでしょうか．静止している流体中に，断面積 S，長さ v（速さと同じ）の円柱を考えます（図6-4）．一端 A に圧力 $\mathrm{d}p$ を $\mathrm{d}t$ 時間はたらかせたとき，この間に力 $\mathrm{d}pS$ のはたらきがちょうど D までおよんだとします．また面 A は A' まできたものとすれば，力のはたらきの伝わる速さ v は，AD を $\mathrm{d}x$ として，

$$v = \frac{\mathrm{d}x}{\mathrm{d}t} \tag{11}$$

で与えられます．

また，初め AD 内にあった流体は，のちに A'D 内に圧縮されたのだから，流体の体積弾性率を k とすれば，その定義式（4）より，

$$\mathrm{d}p = -k\frac{-S\varepsilon}{S\mathrm{d}x} = k\frac{\varepsilon}{\mathrm{d}x} \tag{12}$$

が与えられます。ただし $\varepsilon = \mathrm{AA'}$ です。

さらに，1秒後には，このはたらきはBまで伝わり，$1+\mathrm{d}t$ 後には，BはB'まできます。そして，$\mathrm{BB'} = \varepsilon$ となります。つまり，$1+\mathrm{d}t$ 後には，ABは ε だけ移動してA'B'までくることになります。ここで，力 $\mathrm{d}pS$ が $\mathrm{d}t$ 間だけはたらいたために，この流体柱の得た速さは $\varepsilon/(1+\mathrm{d}t) \fallingdotseq \varepsilon$ となります。このときの運動量の変化 $m\varepsilon$ と力積 $\mathrm{d}pS\cdot\mathrm{d}t$ は等しいので

$$\mathrm{d}p\cdot S\mathrm{d}t = m\varepsilon$$

が成り立ちます。さらに流体の密度を ρ とすれば，$m = vS\rho$ だから，

$$\mathrm{d}p\cdot S\mathrm{d}t = vS\rho\varepsilon \tag{13}$$

が与えられます。式(11)(12)(13)より，式(3)は容易に出てきます。

次に断熱変化の式(8)ですが，今日ではむしろ，気体の圧力 p と体積 V で表したポアソンの式，

$$pV^{\gamma} = 一定 \tag{14}$$

がよく使われます。両辺を微分して整理すると，

$$\mathrm{d}p = -\gamma p \frac{\mathrm{d}V}{V} \tag{15}$$

となって，これより体積弾性率 k が，$k = \gamma p$ で与えられることがわかります。k を式(3)に代入するとただちに音速の理論式(2)が出てきます。

付緑2．音速の理論式と実験式との関係

音速の理論式(2)から実験式(1)も容易に導かれます。空気の圧力を p，絶対温度を T，密度を ρ とすると，ボイル・シャルルの法則，

$$\frac{p}{\rho T} = \frac{p_0}{\rho_0 T_0} \tag{16}$$

が成り立ちます。添字の0はそれぞれ0℃のときの量を示します。これより p/ρ を求めて，式(2)に代入すると，

$$v = \sqrt{\gamma \frac{p_0}{\rho_0} \frac{T}{T_0}} = v_0 \sqrt{\frac{T}{T_0}} \tag{17}$$

第6章 音速の理論式の成立をめぐって

となります．ここで，v_0 は，$v_0=\sqrt{\gamma p_0/\rho_0}$ であって，0℃のときの音速を示します．絶対温度 T を摂氏温度 t で表わすと，

$$v=v_0\sqrt{\frac{273+t}{273}}=v_0\sqrt{1+\frac{t}{273}} \tag{18}$$

となります．ここで温度を常温程度で考えると，$1 \gg t/273$ が成り立ちますので，1次近似までとると，

$$v=v_0\left(1+\frac{t}{2\times 273}\right) \tag{19}$$

となります．ここで，$t=0$℃で $P_0=1$ 気圧 $=1.01\times 10^5$ N/m^2 のとき，$\rho_0=1.29$ kg/m^3 ですから，$\gamma=1.4$ で v_0 を算出すると，$v_0=331.5$ m/s となります．したがって，

$$\begin{aligned}v&=331.5\left(1+\frac{t}{2\times 273}\right)\\&=331.5+0.6\,t\end{aligned} \tag{20}$$

となって，音速の実験式（1）が出てきます．理論式（2）には，平方根がついているのに，実験式（1）にはついていません．これは，実験式が温度の低い狭い温度領域にあてはまる式であるからです．

──────文　　献──────

1) ルクレティウス著，樋口勝彦訳『物の本質について』（岩波文庫，1961）pp.275-276.
2) アリストテレス著，副島民雄訳『自然学小論集』アリストテレス全集6（岩波書店，1968）p.219.
3) ハント著，平松幸三訳『音の科学文化史』（海青社，1984）p.35 より重引．
4) 山本光雄訳『霊魂論』アリストテレス全集6（岩波書店，1968）p.65.
5) 文献3）p.153 より重引．
6) 文献3）pp.130-154 において，メルセンヌの実験が詳しく紹介されている．
7) 文献3）p.135 より重引．
8) 文献3）pp.155-161 に詳しい．
9) 3種の日本語訳があるが，英語訳は初版によっていない．岡邦雄訳，世界大思想全集6（春秋社，1930）．河辺六男訳，世界の名著26（中央公論社，1971）．中野猿人訳（講談社，1977）．Motte's Translation, Revised by Cajori : *PRINCIPIA*, 2 Vols.,（Univ. of California Press, 1974）．

10) 山本義隆著『熱学思想の史的展開』(現代数学社, 1987) pp.205-206. など参照.
11) 橋本毅彦訳：「音の理論について」, 科学の名著II-3 (朝日出版社, 1988) pp.171-181.
12) 文献13) pp.218-219.
13) マッハ著, 高田誠二訳『熱学の諸原理』物理科学の古典 4 (東海大学出版会, 1978) pp.203-206.
14) J. P. Joule : "On the Theoretical Velocity of Sound", *Phil. Mag.*, Ser. 3. Vol. 31. p.114.
15) J. W. S. Rayleigh : *The Theory of Sound*, 1896, Vol.2 (reprinted by Dover, 1945) pp.47-48.
16) 久保田広他監訳『コールラウシュ実験物理学』第2巻 (東京図書, 1956) pp. 47-53.
17) 早坂寿雄著『音の歴史』(電子情報通信学会, 1989). 古代から現代の先端技術応用までを扱った好著である.

第7章
光の折れ曲がり
── 屈折の法則の成立 ──

プトレマイオス（活躍期，127〜151）

フェルマ（1601〜1665）

ホイヘンス（1629〜1695）

ニュートン（1643〜1727）と『光学』（1704）

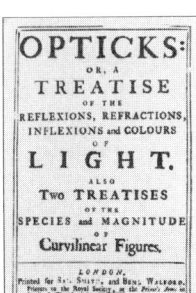

1. 光の屈折の法則

　空気中を進んできた光が，水やガラスなど異なる物質中に入るときに折れ曲がって進みます．これを光の屈折といいます．

　入射光が境界面に立てた法線となす角を入射角 i，屈折光が同じく法線となす角を屈折角 r とし，また屈折する前の物質中での光の速さを v_1，屈折した後の物質中での光の速さを v_2 とすると，

$$n\frac{\sin i}{\sin r} = \frac{v_1}{v_2}$$

の関係式が成り立ちます（図 7-1）．n は屈折する程度を表わすもので，屈折率と呼ばれています．これを屈折の法則といいます．この法則は，17 世紀にスネルとデカルトによってそれぞれ確立されました．その確立過程を見てみることにします．

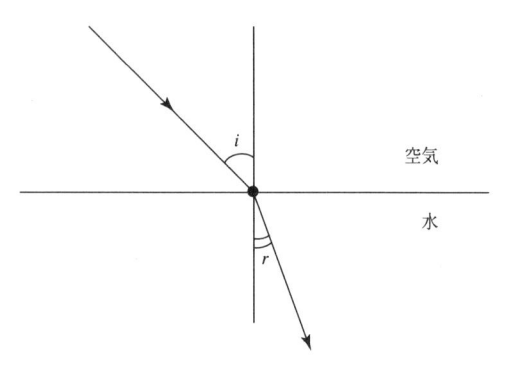

図7-1　空気に対する水の屈折率を n として $n = \frac{\sin i}{\sin r}$ が成り立つ．

2. 先駆者たち [1, 2)]

　光の屈折現象についての古い記述は，古代ギリシャのユークリッドの『光学』の中に見られます．彼は，水中での物体の浮き上がり現象について注目して，「容器の底に物体をおき，その物体が眼に見えなくなるところまで容器を離してみる．そして，今度はこの容器に水をそそぎこむと，この物体はふたたび眼に見えてくる」と記しています．

　その後，天動説で有名なプトレマイオスにも『光学』という著作があって，その中でみずからおこなったとされる屈折実験の記録が記されています．彼は，角度を刻んだ円盤の器具を用いて，空気中から水中へ光を入射させたときの入

射角と屈折角の関係を測定し，入射角と屈折角の比は一定であると結論づけました．今日から見るとまちがってはいますが，「古代におけるもっとも注目すべき実験的研究」と評価されるものです．

表7-1 プトレマイオスがおこなったとされる屈折の実験結果とその誤差

入射角 i	屈折角 r	r の実際値	誤　差
10°	8°	7° 28'	+32'
20°	15° 30'	14° 51'	+39'
30°	22° 30'	22° 1'	+29'
40°	29°	28° 49'	+11'
50°	35°	35° 3'	− 3'
60°	40° 30'	40° 30'	0
70°	45° 30'	44° 48'	+42'
80°	50°	47° 36'	+2° 24'

アラビアにおいては，11世紀にアルハーゼンがプトレマイオスの実験を追試したといいます（図7-2）．彼は『光学宝典』を著し，屈折現象については，入射光線および屈折光線は，入射点で立てた法線とともに1つの平面上にあること，また，入射角と屈折角との比が一定であるというプトレマイオスの結論は，小さな角度の場合にだけあてはまることを見い出しました．

ふたたび，ヨーロッパでは，ケプラーが「屈折光学」（1611）を著しましたが，彼もまだ屈折の法則を発見しえていません．まだ入射角と屈折角の比で表わそうとしていたのです．ただ，全反射の発見は，彼の業績です．つまり本書において，ガラスを通過する光線は，ガラスと空気との境界における入射角が42度をこえるときには，空気中に出ないで，反射の法則にしたがい全部反射すると記し

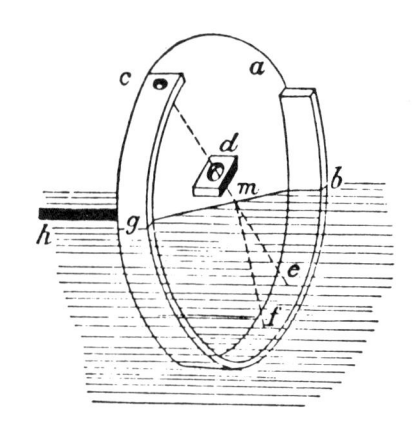

図7-2 アルハーゼンは，光が空気中から水中に入射するときの屈折現象を調べた．

ているのです．

3．スネルとデカルトによる屈折の法則の成立

ケプラーをもってしても確立しえなかった屈折の法則は，スネルとデカルトによって確立されました．

スネルは1626年，水中での物体の浮き上がり現象にもとづいて，「空気中から水中に入射して，垂直な壁CD上に落ちる光線の経路BCは，同じ光線が屈折しない場合に入射点からその壁まで通過する経路BDに対して，つねに3：2の比をなす」と述べました（図7-3）．つまり，屈折率をBC/BDで表わし，この値を3/2としたのです．BC/BDが$\sin i / \sin r$に相当することは，容易にわかります．

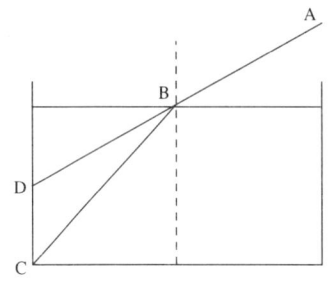

図7-3 スネルは水中の物体の浮き上がり現象に注目し，屈折の法則を導いた．

一方，デカルトは，『屈折光学』[3, 4]（1637）において「この傾きは，CB（またはAH）とEB（またはHF）というようなたがいに比較される線分の長さによって測定されねばならない」と述べ，さらに「ABHやGBIというような角度の大きさによって測定されるのではなく，ましてやDBIというような角度の大きさによって測定されるものではない」と続けています．CBとEBの比が$\sin i / \sin r$を表わしていることはいうまでもありません．

デカルトは，単に法則を記述するだけでなく，その原因をテニスボールの運動との対比で説明しました（図7-4）．ラケットで打たれたボールが，境界CBEにあたる場合を考えます．このとき，この境界が布であれば，ボールは布を突き破って進み，速さの一部を失いますから，ボールはIの方向へ進むことになります．同様に境界の下が水の場合にも，同様なことがいえます．ところが，境界まできたボールが，再度ラケットで下向きに打たれると速さは増しますから，Gの方向へ傾くことになります．

彼は，光が空気中から水中へ斜めに入射する場合も，このボールの運動と同

第7章 光の折れ曲がり

じ法則にしたがうと考えました.「光というものは,他の物体の孔を満たしているきわめて微細な物質が受けとるある種の運動または作用」であり,密なものほどその中にある微細物質が光の粒子を受けとる作用は大きくなるので,水中では,光はGの方へ傾くというのです.

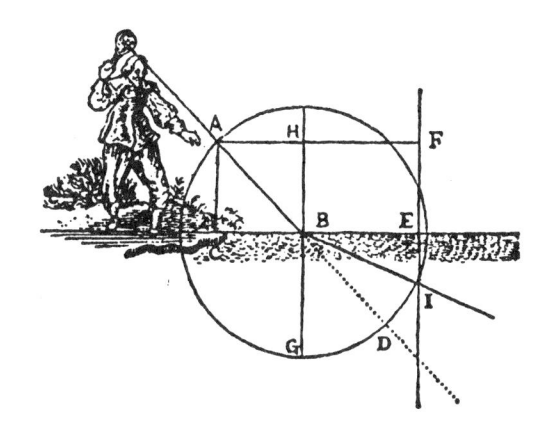

図7-4 デカルトは屈折現象をラケットで水面めがけて打たれたテニスボールの運動に対比して説明した.

デカルトの考えにしたがえば,速度の変化は,境界に垂直な方向のみに見られ,平行な方向には変わらないはずですから,屈折の法則は,

$$n = \frac{\sin i}{\sin r} = \frac{v_2}{v_1}$$

ということになります.

この考えをフェルマは批判しました(1662).「彼は,比喩を誤って用いて,光は疎な物体よりも堅くて密な物体の方をより容易に進むとすら仮定してしまいましたが,これは明らかにまちがっています」.そして,いわゆる最短時間の原理(フェルマの原理)から屈折の法則を説明しました.これは,「自然の運動はつねにもっとも短時間になる経路をとる」という原理で,これより,

$$n = \frac{\sin i}{\sin r} = \frac{v_1}{v_2}$$

なる関係式は,容易に導出できます.この式は,デカルトの結論と正反対にな

っていることが注目されます.

同時代のフックも，光の屈折現象に注目して，追実験をおこなっています．そして「入射角の正弦は，屈折角の正弦に比例するという屈折の法則が成り立つことは確実です」と『ミクログラフィア』[5] (1665) で述べています．そしてみずから製作した屈折計についても，詳しく説明しています（図7-5）．本装置の中心部にある細い板には小さな穴があいており，この下においた光源を，左上にある細い板の小さな穴からちょうど見え

図7-5 屈折率を測定するフックの屈折計

るように，2本の定規を調節して，屈折率を測定しようとするものです.

ただ，媒質中での速度についての記述は見られず，この問題に慎重な態度をとっているように見えます．

4. ホイヘンスの波動説と屈折の法則

こうした中で，光の波動説を展開し，屈折現象を説明したのがホイヘンスでした．彼は『光についての論考』[6] (1690) を著し，この第1章では素元波の概念を明らかにし，これにもとづいて第2章では反射の法則を，第3章では屈折の法則をみごとに説明しています（図7-6）．ACを入射波の波面としますと，CがBに達する時間に物質内にAを中心として，屈折波の波面BNができます．ここで，三角形ACBとANBに注目するならば，

$$n = \frac{\sin i}{\sin r} = \frac{v_1}{v_2}$$

になることは容易にわかります．つまり，波動説においては，密な媒質中での速度のおくれを屈折の原因と考えていることがわかります．ホイヘンス自身は，

DE LA LUMIERE. Chap. III. 33

prés comme de 3 à 2, & dans l'eau fort prés comme de 4 à 3 ; & ainſi differente dans d'autres corps diaphanes.

Une autre proprieté, pareille à celle-cy, eſt que les refractions ſont reciproques entre les rayons entrans dans un corps tranſparent, & ceux qui en ſortent. C'eſt-à-dire que ſi le rayon A B en entrant dans le corps tranſparent ſe rompt en B C, auſſi C B, eſtánt pris pour un rayon au dedans de ce corps, ſe rompra, en ſortant, en B A.

Pour expliquer donc les raiſons de ces phenomenes ſuivant nos principes, ſoit la droite A B, qui repreſente une ſurface plane, terminant les corps tranſparens qui ſont vers C & vers N. Quand je dis plane, cela ne ſignifie pas d'une egalité parfaite, mais telle qu'elle a eſté entendue en traittant de la reflexion, & par la meſme raiſon. Que la ligne A C repreſente une partie d'onde de lumiere, dont le centre ſoit ſuppoſé ſi loin, que cette partie puiſſe eſtre conſiderée comme une ligne droite. L'endroit C donc, de l'onde A C, dans un certain eſpace de temps ſera avancé juſqu'au plan A B ſuivant la droite C B, que l'on doit imaginer qu'elle vient du centre lumineux, & qui par conſequent coupera A C à angles droits. Or dans le meſme temps l'endroit A ſeroit venu en G par la droite A G, egale & paralleleà C B; & toute la partie d'onde A C ſeroit en G B, ſi la matiere du corps tranſparent tranſmettoit le mouvement de l'onde
E   auſſi

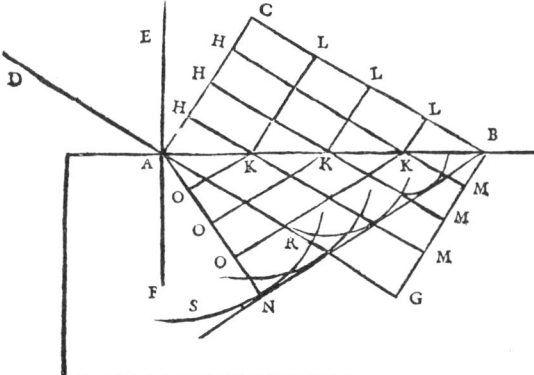

図7-6　ホイヘンスは，素元波の重ね合わせの原理にもとづいて，屈折の法則を導いた．『光についての論考』(1690) より．

第3章の末尾で,「角NAFの正弦に対する角DAEの正弦の比もまた,これらの光の速度の比と同じになるだろう」と,結んでいます.

5. ニュートンの粒子説と屈折の法則

一方,ニュートンは,粒子説の立場に立って,『光学』[7](1704)を著しました.光の屈折現象についても,いたるところで詳しい観察・実験と深い洞察をおこなっています.

たとえば,本書の第I篇,第I部の冒頭では,定義と公理が並んでいますが,公理Vでは,「入射の正弦は,屈折の正弦に対して,正確にまたはほぼ正確に与えられた比になる」として(図7-7),従来の正弦法則を確認しています.また,物質中の光の速度については,第II篇,第III部の命題Xで,「もし,光が物質の屈折の尺度である正弦に比例して,真空中よりも物質中で速く進むとすれば,光を反射し,また屈折する物質の力は,その物質の密度にほぼ比例する」と述べています.つまり,AよりCへ入射した光の粒子

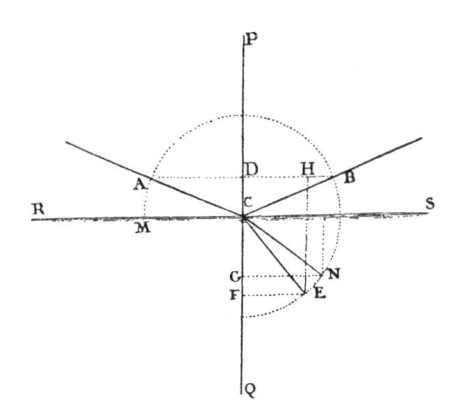

図7-7 ニュートンはその粒子説の立場から,光の屈折の法則を導いた.

は,C点で物質の密度に比例した力を受け,その結果,N(またはE)へと屈折するということです.したがって,速度については,境界に平行な方向には変わりませんが,垂直な方向には増加するということになります.したがって,デカルトと同じ結論,

$$n = \frac{\sin i}{\sin r} = \frac{v_2}{v_1}$$

が得られることになります.

ただ,『光学』を見ると,ニュートンは慎重な記述をしていて,断定的なと

ころはまったく見られません．本書は，詳しい観察・実験の記録であり，末尾には 31 の疑問を設け，考えられる種々の可能性についてひとつひとつ洞察しています．

しかしながら，ニュートンの信奉者たちは，ニュートンを粒子説の創立者としてまつりあげ，自らの権威づけをおこなったために，その後 19 世紀半ばまで，粒子説が続くことになりました．

6. アインシュタインの光量子説と屈折の法則

19 世紀の初頭には，ヤングが二重スリットによる光の干渉現象を説明するために，波動説を復活させましたが，受け入れられませんでした．波動説が決定的に勝利をおさめるのは，何といっても 1850 年のフーコーによる水中での光の速度の測定実験によってでした．すでに見てきたように，屈折の法則を速度の比で表わしたとき，波動説と粒子説とでは正反対になっていますから，水中での光の速度が空気中の速度に比べて大きいか小さいかを測定すれば，決着がつくことになるのです．このことは，19 世紀初頭にポアソンらによって指摘されていました．実験の結果は，水中での速度が空気中の速度より小さかったことはいうまでもありません．こうして，波動説の時代が到来したのです．

ところが，1905 年アインシュタインは，プランクの考えを発展させて，振動数 ν の光は，エネルギー $E = h\nu$ と運動量 $p = h\nu/c$ をもつ粒子の流れとする光量子説を発表しました[8]．ここで，c は光速度で，h はプランク定数です．この考えに立つならば，粒子説による屈折の法則はそのまま成り立ちますが，ただ速度の比を運動量の比でおきかえなければなりません．つまり，

$$n = \frac{\sin i}{\sin r} = \frac{p_1}{p_2}$$

ですから，

$$n = \frac{h\nu/c_2}{h\nu/c_1} = \frac{c_1}{c_2}$$

となり，正しい屈折の法則が与えられることになります．

こうして，光の屈折現象に関する限り，波動説でも粒子説でも，いずれでも

説明されるのです．

——— 文　献 ———

1) サートン著，好田順治訳『古代の科学史』(河出書房新社，1981) pp.41-42, 74-78.
2) ダンネマン著，安田徳太郎訳『大自然科学史2』(三省堂，1977) pp.53-57, 215-220 同『大自然科学史3』(三省堂，1978) pp.87-93.
3) 大野陽朗監修『近代科学の源流-物理学篇III』(北海道大学図書刊行会，1977) pp.3-117. 第I部「光の本性の探求」では，デカルト，フェルマ，ヤング，フレネルら8人の原論文が日本語に訳されている．
4) デカルト著，青木靖三・水野和久共著『屈折光学』デカルト著作集I (白水社，1973) pp.111-222.
5) フック著，板倉聖宣・永田英治共訳『ミクログラフィア』(仮説社，1984).
6) ホイヘンス著，安藤正人他訳『光についての論考』科学の名著II-10 (朝日出版社，1989) pp.195-360.
7) ニュートン著，島尾永康訳『光学』(岩波文庫，1983).
ニュートンの『光学』の日本語訳は，他に，堀　伸夫・田中一郎訳(槙書店，1980)，田中一郎訳，科学の名著6 (朝日出版社，1981) などがある．
8) 物理学史研究刊行会編『光量子論』物理学研究論文叢書2 (東海大学出版会，1969). アインシュタインの7つの論文が訳出されている．

第8章
光も回折をおこすか
―― 歴史における光の回折現象 ――

ヤング（1773〜1829）

フレネル（1788〜1827）

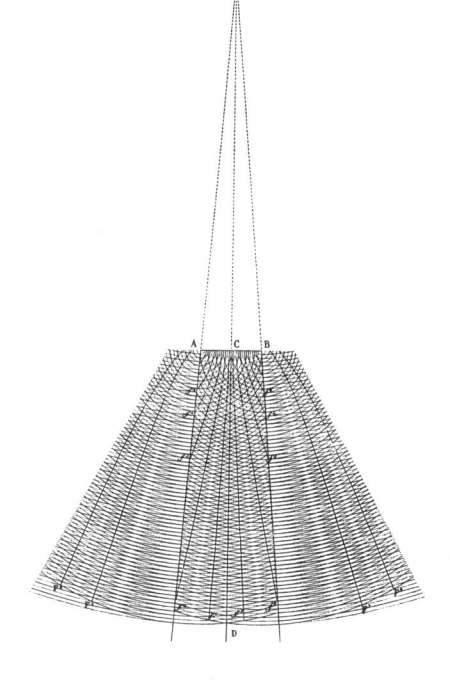

フレネルが描いた光の回折現象図

1. 光の回折現象

　光も音のように障害物の背後にまで回りこんでいきます．この光の回折現象は，注意深く観察しないとなかなか気づきません．事実，17世紀にグリマルディが指摘するまではっきり知られていませんでした．光の反射や屈折の現象は，古代から知られていたのと対照的です．
　光の回折現象は，光の波動説を確立させた重要な現象ですので，それとの関連で，どのようにして正しい認識に達したかを見てみましょう[1]．

2. グリマルディによる最初の発見

　光の回折現象は，グリマルディの著書『光，色および虹に関する物理・数理学』(1661) で最初に述べられています[1]．
　彼は，太陽光線を細い孔 L から暗い室内へ導き入れ，この光束の中に遮光板 FE をおきました（図8-1）．このときスクリーン CD でこの影を受けると，実際に作図で考えられるより大きな広がりをもち，その中に縞模様が観察されました．孔のあいた大きな遮光板に光を投射させたときも，結果は同じでした．
　この現象は，光の反射や屈折という考え方では，説明が困難でした．彼は，水のなかへ投げ込んだ石が輪状の波をつくるのと同じように，不透明物体の影のまわりに回折縞ができると考えました．そして，「照らされた物体は，それが受けている光の上になお別の光が加わると暗くなることがありうる」と述べています．ここに，光の波

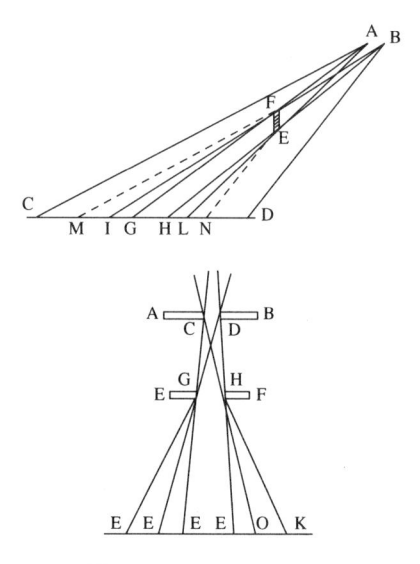

図8-1　グリマルディの説明図

動説，あるいは光の重ね合わせの原理の最初の暗示を見ることができます．ホイヘンスが『光についての論考』[2]（1690）を著し，光の波動説を展開するよりも30年も先にこれだけのことをいいえているのです．なお，ほぼ同じころに光の波動説の立場に立つフックも，『ミクログラフィア』[3]（1665）の観測58で光の回折現象を論じていることも注目されます．

3. ニュートンの粒子説と回折の実験

17世紀から18世紀にかけて，光の波動説とともに光の粒子説も台頭してきました．その中心人物がニュートンでした．彼の『光学』[4]（1704）では，粒子説の立場から光の諸現象を論じています．

回折現象についても，第III篇第I部で実験と考察とをおこなっています[5]．書き出しは，グリマルディによる実験から始まり，みずからの実験が観測1から観測11まで詳しく記されています．たとえば，観測1では，光束の中におかれた毛髪などの細長い物体の影について，単純な幾何学的な大きさよりも，かなり幅広くなることを確認し，その程度や生じた色の種類・間隔などについて，詳しく述べています（図8-2）．

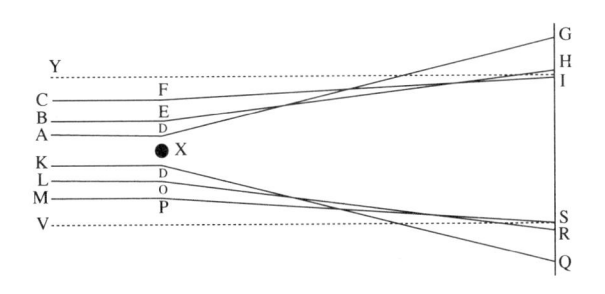

図8-2 ニュートンの説明図

ところが，回折現象が起こる理由について，ニュートンは，自分の研究は不十分で他の人々の研究に期待するとして，考察をさしひかえています．31の疑問を設け，ひとつの考え方を提示するにとどまっているのです．たとえば，次のとおりです．

（疑問 1）物体はある距離において，光に作用しその作用によって，光の射線を曲げるのではないか，そして，この作用は，最小の距離において，もっとも強いのではないか．

（疑問 2）屈折性の異なる射線は，回折性も異なるのではないか．それらは異なる回折性によってたがいに分離され，分離されたのち，3つの縞の諸色を生じるのではないか．

ニュートンは，光の回折現象は，物体の引力が原因で光線が屈曲するとして，その程度の違いから回折縞が現れるとしています．しかし，厳密な説明のためにはなお多くの仮説を必要としたことはいうまでもありません．

4. ヤングによる波動説の復活と回折の説明

17世紀にはホイヘンスらが光の波動説を展開しましたが，18世紀にはニュートンの光の粒子説の影にかくれてしまいました．ヤング[6, 7]によって，光の波動説が復活されたときには，すでに19世紀に入っていました．実に100余年の歳月が流れていたことになります．

ヤングは，1804年の「物理光学に関する実験と計算」という論文の中で，回折現象について詳しい実験をおこなっています[8]（図8-3）．つまり，ニュー

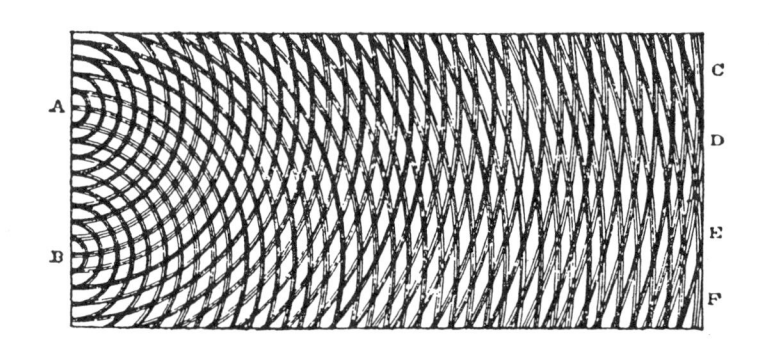

図8-3　ヤングが描いた干渉図

トンがおこなった実験をニュートンのデータと対比させながら詳しく考察をおこなっています．そして，回折現象をニュートンが考えた屈折現象で説明するのは困難であるとして，文字通り波動説の立場に立って，次のように述べています．

　これらの縞は，細かい紙片のおのおのの側を通過する光の両部分の合成効果であり，そして屈折というよりは，むしろ回折してできたものである．
　いまもし，私達がいろいろな状況のもとで縞の大きさを調べることにするならば，二つの部分光がたどった光路の差を計算することができ，こうして，この光路差がこれらの縞を生ずるのに関係していることが証明される．そして，われわれは光路が等しいところでは光はいつも白くなることを知るであろう．しかし，輝いた光であれ，ある与えられた色の光であれ，明暗の縞が交互にあらわれるところでは，両部分の光路差は，この種の実験ではぴったり一致すると思ってよいくらいほぼ等差級数的である．

5. フレネルによる回折現象の決定的説明と波動説の確立

　こうして，ヤングが波動説で光の回折現象を説明するにおよんで，これまでの粒子説ではきちんと説明できないことがますますはっきりしてきました．しかしながら，当時のフランス・アカデミーでは，粒子説の支持者が多数を占め，回折現象をなお粒子説で説明する理論を立てようとして，1817年には懸賞論文を募集しました．
　これに応募して，光の回折現象を厳密な数学的計算にもとづいて理論化したのが，フレネルでした．その立場は，波動説であって，ニュートン以来の粒子説を切りくずすこととなりました．
　フレネルは，エコール・ポリテクニク[9]（理工科学校）を卒業後，土木技師としてはたらくかたわら，数学，物理学，哲学などの研究をおこなっていました．なかでも，当時の光学に興味をもち，1815年ごろから光の回折現象について本格的な研究をおこないました．その成果は，同年「光の回折について」と題する論文にまとめられました[10]．この論文で提起された光の波動説は，

1818年の同名の懸賞論文で数学的に厳密に基礎づけられたのです.

彼は，無限に長い平行な帯状の障害物による回折について，積分を数値計算で求めました．これに対して粒子説の支持者であり，審査員の一人でもあったポアソンは円形障害物あるいは円形の穴のあいた障害物の場合について，円の中心における光の強度を計算し，実験と比較したところよく一致しました．そこで，粒子論者が多数を占めていたアカデミーも，フレネルに賞を与え，波動説の優位を確認せざるをえなくなったのです.

フレネルは，1818年の懸賞論文で干渉の公式とホイヘンスの原理のみの助けを借りて，いかにしてすべての回折現象が説明可能であり，計算可能であるかを示しています．つまり光を波動と考え，一つの波面から出た無限の「要素的運動（素元波）」を重ね合わせ，その干渉の結果回折現象が起こることを示したのです．

こうして，彼はいろいろな障害物をおいたときの光の回折現象を説明しています．たとえば，このうち小さな開口によって生じる縞について考察した部分を見てみます（図8-4）.

AGが障害物の開口部，Cが光源，BDがスクリーンです．この開口部のすべての点を通ってきた素元波がスクリーン上の各点で干渉しあって縞模様が生じます．いま，開口部の中点をIとI'，AIとIGの部分にわけてみます．APとPGとの差が半波長の偶数倍であるときには，AIとIGとの間のすべての対応する点からPまでの距離の差も半波長の偶数倍になるので，点Pはもっとも暗い点となります．反対に，APとPGの差が半波長の奇数倍になるときには，もっとも明るい点となります．光線が競合して縞をつくるという仮説によって両端の光線の位相の一致・不一致から演繹した場合と，ちょうど反対になっています．ただ

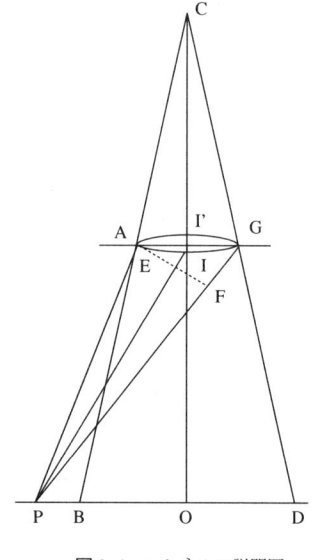

図8-4　フレネルの説明図

し，中央の縞は例外でどちらの理論でも同様に明るくなるはずです．
　フレネルは次のように結んでいます．

　　その結果，回折縞を遮光板の縁における屈折光線や反射光線によってのみ
　つくり出されたものと考える説は退けられます．この回折現象は，上記の仮
　説の不正確さを認識させる最初の現象であり，私がたった今述べた基本原
　理—これはホイヘンスの原理にほかならない—と干渉の原理とを結びつけた
　理論へと導いた現象だったのです．

6. 光の波動説の確立

　光の回折現象は，光の粒子説，波動説の双方の立場から追求された現象です．
その結果は，波動説の確立へと向かわしめることになったのです．
　粒子説の立場では，小さな障害物の近くを通る光の粒子は，その物質から力
を受け進路が曲げられます．その光によって回折現象が起こるとするならば，
さらにこみいった多数の仮説をおかなければなりませんでした．ニュートンの
『光学』の末尾にある 31 の疑問は，結局仮説の集成ともいえるのです．こうし
て，粒子説では，みずから立てた仮説でみずから身動きがとれなくなっていっ
たといってよいでしょう．
　ところが，波動説の立場では，ホイヘンスの原理と干渉の原理のみにもとづ
いて，厳密な数学的取り扱いが可能であり，しかも実験結果とぴったりと一致
したのです．フレネルの次の言葉は示唆に富んでいます．

　　人々が一つの科学の諸原理を単純化しようする際に，しばしば道に迷うよ
　うなことがあったとすれば，それは，彼らがじゅうぶんな事実を収集しない
　うちに体系を確立してしまったためです．彼らが唱えた仮説は一種類の現象
　だけを考察しているうちはきわめて単純ですが，彼らがとじこめられている
　きゅうくつな領域からの脱出をはかる段になると，他の多くの仮説を必要と
　するのです．この点において，光は偏在する流体の振動であるとする説は，
　粒子説よりも大きな利点をもっています．前者は，光がきわめて多様な変容

を受けやすいことを理解させてくれます.

こうして，光の粒子説はくずれ，波動説が確立されてきました．その後光の波動説は，1850年のフーコーによる水中での光速度測定実験[11]によって一段と完璧なものになったのです．

———— 文　　献 ————

1) ダンネマン著, 安田徳太郎訳『大自然科学史4』(三省堂, 1978) pp.192-197 より重引.
2) ホイヘンス著, 安藤正人他訳『光についての論考』科学の名著II-10 (朝日出版社, 1989) pp.195-202.
3) フック著, 板倉聖宣・永田英治共訳『ミクログラフィア』(仮説社, 1984) pp.195-202.
4) ニュートン著, 島尾永康訳『光学』(岩波文庫, 1983).
5) 石原信一：「ニュートンの光の回折の実験についての考察」,『日本大学文理学部自然科学研究所研究紀要』No.10, 43-52 (1975).
6) E. S. Barr, 皆川義雄訳「トーマス・ヤングの人と業績」,『科学の実験』Vol. 20, No.12, 1031-1040 (1969).
7) 高橋智子・井原　聡「T. Young の光学研究上の歴史的位置について」,『茨城大学教養部紀要』No16, 137-148).
8) 大野陽朗監修『近代科学の源流－物理学篇III』(北海道大学図書刊行会, 1977) pp.90-100.
9) 堀内達夫著『フランス技術教育成立史の研究－エコール・ポリテクニクと技術者養成』(多賀出版, 1997).
10) 大野陽朗監修『近代科学の源流－物理学篇III』(北海道大学図書刊行会, 1977) pp.90-100.
11) 大野陽朗監修『近代科学の源流－物理学篇II』(北海道大学図書刊行会, 1976) pp.275-286.

第9章
空はなぜ青いのか
── 先人たちの研究史 ──

レオナルド・ダ・ヴィンチ
(1452〜1519)

アタナシウス・キルヒャー
(1602〜1680)

レイリー (1842〜1919)

1. 空の青さを見つめていると

晴天の日の空は，どこまでも青く澄んでいて，寝そべって見つめているとすいこまれていくような気がします．そんな空の青さを詩人の谷川俊太郎は，次のように詠んでいます[1]．

空の青さをみつめていると
私に帰るところがあるような気がする
だが雲を通ってきた明るさは
もはや空へは帰ってゆかない

空はいつまでひろがっているのか
空はどこまでひろがっているのか
ぼくらの生きている間
空はどうして自らの青さに耐えているのか

ロマンに満ちた空の青さも，科学の眼でひとたびなぜだろうかと考えると，答えに窮してしまいます．参考書を開けてみると，光の散乱現象を原因として，たとえば，「太陽光が大気に当たったとき，波長の短い青色光は散乱の程度が赤色光に比べて大きい．したがって，大空からくる光は，散乱された青色光に富んでいるので青く見える」とあります．たしかに，そのとおりなのでしょうが，簡単すぎてよくわからないところがあります．

空の青さをきちんと説明したのは，レイリーといわれています．そこで，先人が空の青さをどのように理解してきたかをレイリーまでたどることによって，その答えを求めてみます．

2. ダ・ビンチの場合

空の青さを説明している古い記述といえば，レオナルド・ダ・ビンチのものではないでしょうか．ダ・ビンチは空気に関する手記の中でかなり詳しく空の

青さについて述べています[2]．

> 空中にあらわれる青さは空気自身の色ではなく，ごく微細で感知できない原子となって蒸発する水蒸気によって生ずる．この水蒸気は自己の背後に太陽光線の当たるのを受け，そして自分の上をおおっている火層圏の無量の暗闇(くらやみ)を背景として発光するのである．

空の青さは，頭上のかなたにある暗闇を背景として，水蒸気に太陽光線が当たるために生じるというのです．ダ・ビンチは，枯木から立ちのぼる煙にたとえて，さらに次のように述べています．

> 枯木から立ちのぼる煙は，煙突から出て日と暗い背景の間において見られた場合には青色であるように見えるが，高くのぼって日と明るい大気との間にくるにつれてたちまち灰色に変わってしまう．こういう変化が生じるのは，それがもはや背後に暗黒をもたず，そのかわりに明るい大気をもつからである．
>
> 大気もこのとおりであって，過剰な湿気はこれを白くするのに対して，熱の作用を受けた乏しい湿気はこれを暗い色や暗青色にさせる．……私の述べるところを結論すれば，空気は明るい太陽光線を受ける水蒸気からその青さを借りるのだということになる．

ダ・ビンチのこのような理解の仕方は，わたしたちが科学的予備知識をもたずに，空の青さを見つめたときにもつ思いと同じもののように思えます．もっとも自然な理解の仕方といえるでしょう．

3．アタナシウス・キルヒャーの場合

空の青さの理解は，その後17世紀になっても深まってはいません．たとえば，アタナシウス・キルヒャー[3]は，『光と陰影の大技術』（1646）なる著作で，「なぜ，空は青く見えるか」[4]と題して1節をさいています．その説明の仕

方は一種の目的論的説明で，自然界の色彩をうまく表わすためには下敷きになる色が必要であり，その色は青色であるというのです．宇宙のかなたの闇にこの青色を重ねて，その上にいろいろな色彩が彩られるというのです．彼は次のように述べています．

　自然が賢明に熟慮をかさねた結果として，白と黄と赤の光る色と真の闇との間に中間色が発見された．それは，光と闇との不等混合色なる青色であった．……この色によって，あたかもはなはだ快適なる陰影に限られるように，人の眼は限界づけられることになって，眼は明によって過度に拡散されたり，闇によって過度に収縮せられることもなく，あるいはまた赤によって過度に焦がされることもなくなるのである．かようにして，自然は，これらの間に闇のすぐそばに青色を定めた．

4．ニュートンの場合

　近代の光学は，ニュートンによってその基礎が打ち立てられます．彼は，光を微粒子の流れとする粒子論に立脚しているので，波動の概念ははっきり見られませんが，自然光をプリズムによって七色に分散して，それぞれの色の光はその屈折率が違うことを明らかにしました．

　彼の著書『光学』（1704）には，空の青さの科学的説明もあるかもしれないと期待して調べてみましたが，直接に述べたところは見つかりません．ただ，大気ではなく海水の現象について，ハレーから聞いた話として，次のようなことが書かれています．ハレーが，よく晴れた日に潜水器で海中深く潜ったところ，水と潜水器の小さなガラス窓を通して日光が直射した彼の手の上部は淡紅色に見えるのに，下方の水から反射した光で照らされた手の下部は緑色に見えたというのです．このことを，ニュートンは，次のように推測しています[5]．

　このことから，海水はすみれを生じる射線と青を生じる射線をもっとも容易に反射すること，また赤を生じる射線をもっとも自由にまた大量に深いところまで通すことが推測できる．

まだ，散乱という言葉は見られないものの，かなりよく理解できる表現になっています．

5．チンダルの場合

その後，空の青さの原因をめぐる研究はさしたる進歩もない状態が続きますが，19世紀半ばになると，今日いうところのチンダル現象から急速に発展します．チンダル現象，つまり「均一な透明物質内に多数の粒子が散在する場合に，光線は粒子により散乱し，入射光に対して傾いた方向から眺めると，光線の通路が濁って見える」現象は，ファラデーが発見し（1857），チンダルが詳しく研究した現象です．

チンダルの論文（1868）は，「空の青色，空の光の偏光について，および雲状物質による一般的な光の偏光について」[6)]と題し，冒頭，「空の青色と空の光の偏光，この二つの疑問点は，気象学の永続的で不可解な事柄として続いていた」と注意をうながしています．この論文の中でいろいろな実験が述べられていますが，結局は次のようなものです（図9-1）．

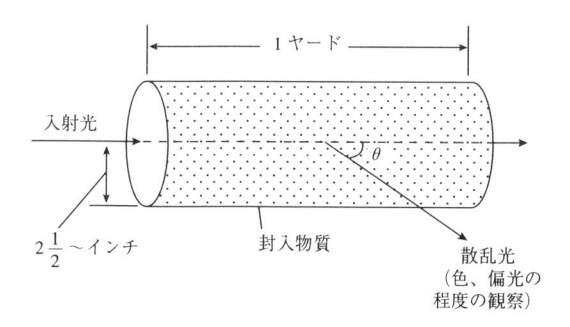

図9-1　チンダルの実験

それは，円筒状ガラス管の中に，いろいろな蒸気や微粒子を封入し，このガラス管の一方の側から光を照射して，このときの散乱光をいろいろな方向から観察して，その色や偏光の程度を調べるというものです．封入物質としては，塩化アンモニウム，紙やタバコの煙など，いろいろなものがあげられています．ただ，論文で詳しく述べられているのは，偏光の程度の問題で，色の問題につ

いては，必ずしも明解には述べられていません．空の色の問題についても，本実験からその原因は，大気中の浮遊物質（ちり）にあり，ちりに当たった散乱光が青色に見えるというぐらいのことしか述べられていません．浮遊物質（ちり）が原因であろうことについては，「これを取り除くとその空気はもはや光に対して，何の敏感な作用もおよぼさなくなる」とし，「どんな粒子も，十分に小さければ，空の色と偏光の両方を生み出す」としていますが，さらに，「水粒子でも非常に細かい分割状態でえられるなら，同じ効果を生み出すはずであるが，大気の高層領域で，夏の熱い日に小さな水粒子の存在が想像できるであろうか」と否定的見解を示しています．論文の末尾は，クラウジウス，ヘルムホルツ，ストークスといった著名な科学者たちのこの問題についての見解を紹介していますが，とりたてるほどの内容は含まれていません．

チンダルは，大気中の浮遊物質（ちり）に当たった太陽光の散乱現象で，空の青さを説明しましたが，波長による光の散乱の違いから色を考察するようなことはしていません．説明は，定性的で一つの数式も入っていません．定量的で厳密な研究は，レイリーを待たねばならなかったのです．

6. レイリーの場合

空の青さをきちんと説明したのは，レイリーです．

これまで，空の青さの原因は，空気中の浮遊物質（ちり）の散乱現象として考えられてきましたが，レイリーは，空気の分子の散乱で十分説明できることを，1871年～1899年，光の電磁理論にもとづいて，数学的に証明しました．マクスウェルが，電磁場の基本方程式を最初に発表したのは1864年で，大著『電磁気論』を発行したのは1873年であり，このころには，もう古典電磁気学は完成していたのです．

1899年のレイリーの論文「浮遊する大気中の小さな粒子からの光の放射と空の青さの原因について」[7]は，もう今日の論文の形式とかわりません．この論文の大要を，多少今日的に整理しながら述べてみます．

太陽光が，大気に当たったときの散乱を考えるということは，とりもなおさず空気の分子から新たに放射される二次的な電磁放射を考えるということです

(図 9-2)．分子・原子は，原子核と多数の電子から成り立っていますが，これに電磁波が入射すると，そのエネルギーによって，電子は強制振動をおこなうようになり，二次的な電磁波を放射します．このときの電磁波は，入射電磁波と等しい振動数の球面波です．

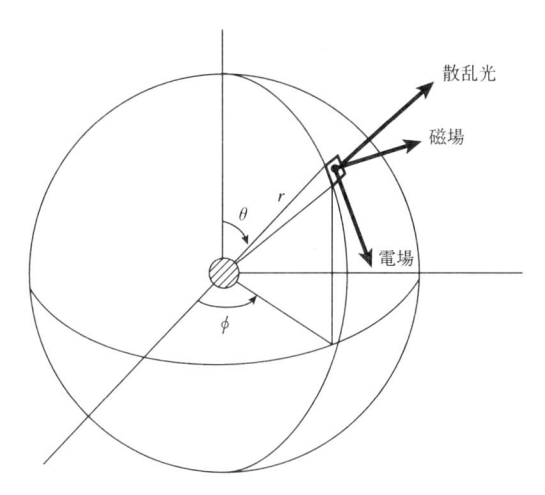

図 9-2　球状物質からのエネルギー放射

いま，体積 T の小さな粒子（空気分子）に波長 λ の光が入射したとき，この粒子から放射させる光のエネルギーは，入射方向と角 θ の方向で距離 r 離れた点では，

$$\left(\frac{D'-D}{D}\right)^2 \frac{\pi^2 T^2}{r^2 \lambda^4} \sin^2 \theta \tag{1}$$

で与えられます．ここで，D，D' は，粒子およびその周囲の媒質の光学的密度，つまり，今日いうところの誘電率です．本式は，球座標で表わしたマクスウェル方程式を解いて，r が大きいときの電場，磁場を求め，ポインティング・ベクトルの平均値として求められるもので，今日でも典拠となる式です．

式（1）は，ある方向への放射を表わしますので，この粒子から放射される全エネルギーは，微小面積要素 $r^2 \sin\theta \, d\theta \, d\phi$ をかけて，これを球面全体について加えあわせることによって求められます．

$$\int_0^{2\pi}\int_0^{\pi}\left(\frac{D'-D}{D}\right)\frac{\pi^2 T^2}{r^2 \lambda^4}\sin^2\theta \cdot r^2 \sin\theta\,d\theta\,d\varphi$$

ここで，$\int_0^{\pi}\sin^3\theta\,d\theta=\dfrac{4}{3}$ に注意すると，上式は，

$$\frac{8\pi^3}{3}\left(\frac{D'-D}{D}\right)^2\frac{T^2}{\lambda^4} \tag{2}$$

となります．

ところで，入射光のエネルギーを E としてみます．すると，入射光は，空気分子に当たるたびにそのエネルギーを与えて減少していきます．単位長さを進む間の入射光のエネルギーの減少していく割合は，その間の放射のエネルギー，つまり散乱光のエネルギーに等しいはずです．したがって，単位体積当たりの分子数を n とすれば，式 (2) を使って，

$$-\frac{1}{E}\frac{dE}{dx}=n\cdot\frac{8\pi^3}{3}\left(\frac{D'-D}{D}\right)^2\frac{T^2}{\lambda^4} \tag{3}$$

なる式が成り立ちます．ここで，式 (3) の右辺を，

$$h=\frac{8\pi^3 n}{3}\left(\frac{D'-D}{D}\right)^2\frac{T^2}{\lambda^4} \tag{4}$$

とおけば，

$$-\frac{1}{E}\frac{dE}{dx}=h \tag{5}$$

で，この式の解は，

$$E=E_0 e^{-hx} \tag{6}$$

で与えられます．入射光のエネルギーは，散乱が起こるたびに指数関数的に減少していくことがわかります．

さらに，レイリーは，

$$\mu-1=nT\frac{D'-D}{2D} \tag{7}$$

なる関係式によって，式 (4) を屈折率 μ で書き改めています．つまり，

$$h=\frac{32\pi^3(\mu-1)^2}{3n\lambda^4} \tag{8}$$

を最終的な式としています．

この h は，式（5）からもわかるように，散乱体（空気分子）の単位長さ当たりの入射エネルギーの減少の割合，つまり散乱の割合を表わし，今日散乱係数とか吸収係数とかいわれています．h が大きいほどよく散乱されることになります．

したがって，大気に太陽光が当たったとき，波長 λ が小さいほど h は大きくなるので，よく散乱することがわかります．そして λ^4 に反比例しているので，赤色と紫色の光では，その波長は約 2：1 とすれば，16：1 で紫色がよく散乱することになります．しかし，紫色は，大気の上部で散乱されてしまい，地表までは届きません．成層圏まであがると，空は紫がかって見えるといわれます．結局，大気の厚さから考えて，地表まで届くのは，その次によく散乱する青色であって，この青色をわれわれは見ていることになります．

レイリーの散乱は，今日レイリー散乱と呼ばれ，光の波長に比べてじゅうぶん小さい微粒子によって起こり，光の波長変化をともなわない場合をいいます．散乱の研究は，その後電磁理論の立場だけでなく，ブラウン運動の理論の面からアインシュタインによって進展させられました．アインシュタインの1910年の論文「臨界状態における均質液体および混合液体の螢光の理論」[8] では，論文末尾で，レイリーの研究にも触れ，「この公式を使って概算してみればわかるように，照射された大気からの散乱光として青を主体とする光が存在するということをこの公式はきわめてよく説明することができる」と評価しています[9]．

7．青い地球をつくりだすもの

青い空，青い地球は，地球を取りまく大気のおかげです．また日の出，日没時に空が赤やだいだい色に見えるのも，太陽高度が低くなり，大気を通る経路が長くなって，今度は青色が大気によって散乱し減衰したからにほかなりません（図 9-3）．大気中に浮遊物質（ちり）があると，空は白く濁って見えます．これは，浮遊物質が，分子よりも数桁大きいので，このときの散乱は波長による変化が小さく（ミー散乱），いろいろな波長の光が均等に含まれるからです[9]．

もし，地球に大気がなければ，空は暗く，昼間も星が見え，太陽は 1 点にぎ

らぎら輝くことになります．地球の大気は，人類へのすばらしい贈り物といえましょう．

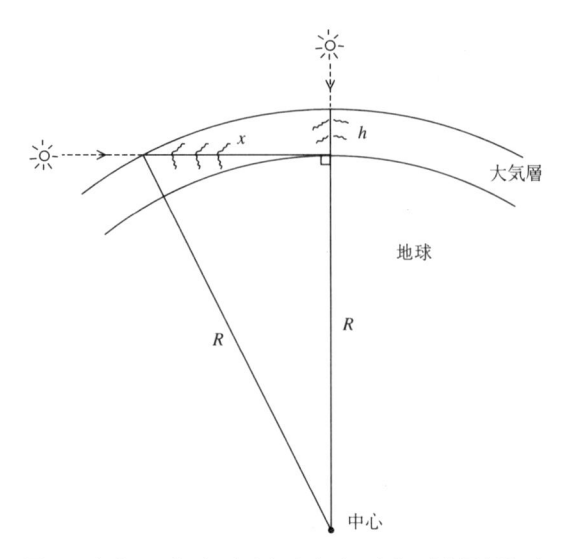

図9-3 太陽が天頂にあるときと地平にあるときの大気圏を通る光の行路の違い．天頂にあるときの行路を h，地平にあるときの行路を x とすると，地球の半径を R として，

$$x = \sqrt{2Rh\left(1+\frac{h}{2R}\right)}$$

の関係式が成り立つ．たとえば，大気層の厚さを $h=100$ km で計算すると，$x=1{,}130$ km となる．したがって，太陽が地平にあるときは，天頂にある時に比べて10倍以上の空気層を通って光が地表にとどくので，その間に青色はほとんど散乱されてしまうことになる．

――――文　献――――

1) 『空の青さをみつめていると　谷川俊太郎詩集Ⅰ』（角川文庫，1987）p.66, 133.
2) 杉浦明平訳『レオナルド・ダ・ヴィンチの手記』下巻（岩波文庫，1958）pp.87-90.
3) ゴドウィン著，川島昭夫訳『キルヒャーの世界図鑑』（工作社，1986）．
4) ゲーテ著，菊池栄一訳『色彩論－色彩学の歴史』（岩波文庫，1952）pp.183-184 より重引．
5) ニュートン著，島尾永康訳『光学』（岩波文庫，1983）p.147.
6) J. Tyndall : "On the Bule Colour of the Sky, the Polarization of Sky-light, and on the

Polarization of Light by Cloudy matter generally", *Proc. Roy. Soc.*, 17, 223-233 (1868). 邦訳は,永平幸雄訳『大阪経済法科大学論集』No.24, 44-57 (1985).

7) L. Rayleigh : "On the Transmission of Light through an Atmosphere containing Small Particles in Suspension, and on the Origin of the Blue of the Sky", *Phil. Mag.*, XL VII, 375-384 (1899).

8) A. Einstein : "Theorie der Opaleszenz von homogenen Flüssigkeiten und Flüssigkeitsgemischen in der Nähe des Kritischen Zustandes", *Ann. der Phys.*, **33**, 1275-1298 (1916). 邦訳は,井上 健訳『アインシュタイン選集I』(共立出版, 1971) pp.241-264.

9) 林 正一・松崎敏雄:「空の青さの解釈についての注意」,『日本物理教育学会誌』Vol.20, No.1, 71-75 (1972). 要領よくまとまった優れた解説である.

第 10 章
クーロンとその法則について
── 静電気力と磁気力の逆二乗法則の成立 ──

クーロン（1736～1806）

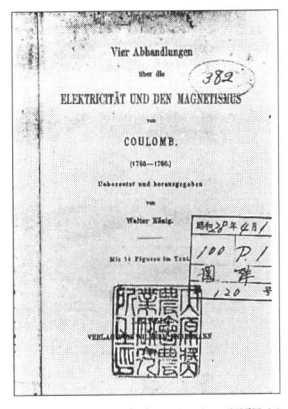

クーロンの原論文のドイツ語訳が収められた「オストワルト古典叢書」第13巻（1890）

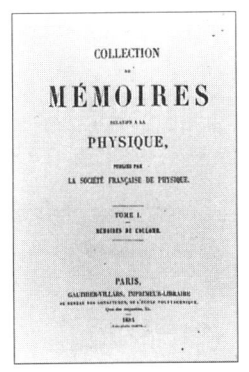

『物理学論文集』第1巻「クーロンの論文集」（1884）

1. クーロンの法則

静電気力も磁気力も，ともに万有引力と同じ距離の逆二乗法則として表わすことができます．つまり，それぞれの力を F，静電気間あるいは磁極の間の距離を r とすれば，

$$F = k\frac{qq'}{r^2}$$
$$F = k'\frac{mm'}{r^2}$$

と表わすことができます．ここで，q, q' は電気量，m, m' は磁気量で，k, k' はともに比例定数です．

この法則は，1785年クーロンによって実験的に結論づけられたものです．クーロンは，電気の本性などの問題にはいっさい立ちいることなく，もっぱら力を実験的に測定することでこの法則を定式化しました．そして，ひとたび万有引力の法則と同じ表式で表わせることが明らかになると，力学の理論が応用され，そののち電気力学としていちじるしい発展をとげることになります．

その基礎を築いたこの法則は，クーロンの法則として，電気磁気学を学ぶ際に最初に出てきます．静電気力を測定したクーロンのねじれ秤の原理は高校の物理教科書にさえ載っています．

ここでは，磁気力の測定も合わせて，やや詳しくクーロンの実験内容を見てみましょう．

2. クーロンの原論文とその所在

クーロンの静電気と磁気に関する主な研究成果は，7つの論文として，1785年と1786年の『フランス王立科学アカデミー紀要』に次々と発表されました．電気と磁気に関する力の法則，いわゆるクーロンの法則はその第1論文と第2論文で述べられています．第1論文[1]は「ねじれ斥力がねじれ角に比例する金属線にもとづいた電気秤の製作と使用」と題し，自ら製作したねじれ秤を用いて，同種の電気をおびた小球間の斥力が，それらの中心間の距離の二乗に逆比例することが示されています．第2論文[2]は，「電気流体ならびに磁気流体に作用する斥力と引力に関する法則の決定」と題し，この法則は，異種の電気間

の引力の場合にも，また，磁気力の場合にも成り立つことが示されています．これらの論文では，電気の本性について述べられていませんが，現象論的ながら実証的な実験にもとづいて，整然と結論が導かれていて，今日の眼から見ても理解しやすい内容になっています．

なお，参考までに，つづく第3論文では，電気の漏洩問題をあつかい，それは空気中に含まれる水蒸気とともに増大すること，第4論文では，平衡状態において電気は導体の表面にのみ分布し，その内部に入りこまないこと，第5，第6論文では，電気は導体の形に応じてその表面に分布すること，などがそれぞれ示されていて，最後の第7論文では，ふたたび磁気力の諸問題が論じられています．

これらの論文が発表された『フランス王立科学アカデミー紀要』は何分古い学術雑誌ですので，見ることは難しいですが，19世紀末にフランス物理学会がそれまでの重要論文を集大成した『物理学論文集』(全5巻，1884～1886)があります．その第1巻[3](1884)が「クーロンの論文集」となっていますので，上の論文も本書で閲覧すると便利です．

なお，ドイツ語訳は，いちはやく「オストワルト古典叢書」の第13巻[4](1890)に収められています．英語訳も『物理学資料集』[5](1935)その他[6]に収められていますが，静電気力の実験部分を中心に採録されていて，磁気力の実験部分は完全に省略されています．日本語訳は著者が試みた抄訳[7]があります．

クーロンの実験の大要については多くの科学史書[8～11]でとりあげられていますし，クーロンとその科学に関する成書[12]も出ています．クーロンの実験を復原した実験報告[13]も出ています．

3．静電気力の測定実験

同種の電気はたがいに反発します．このとき電気的斥力を測定するのに，クーロンはねじれ秤を用いました．同時代のキャベンディシュもまたねじれ秤を用いて万有引力（定数）を測定していますが（1798），静電気力も万有引力もともにその測定にねじれ秤が用いられたのは興味深いことです．

クーロンはもともと土木技師であって，弾性体のねじれの研究をしていたこ

とが，大きく寄与していることは確かです[14]（図10-1）．クーロンのねじれ秤は案外大きなものです（図10-2）．

　中央のガラス製シリンダーは，直径，高さともに12プース（約32 cm）で，その周囲には0～360度の目盛が刻まれています．中央につるしてある針金は，長さ28プース（約75 cm），質量0.08グレイン（約0.004 g）のきわめて細い銀線です．水平棒の一端にはコルクの小球が，他端には紙の円板がつけられています．シリンダー内へ絶縁棒を通してもうひとつの木髄の小球を挿入します．はじめに，針金がねじれないようにしておいてから2つの小球に同種の電荷を与えます．両者は反撥し合って針金がねじれます．ねじれた角をシリンダー周囲の目盛で読みとります．次に上端のマイクロメーターを回して2球をある角度まで近づけます．これに要するねじれ角を読みとります．次が実験結果です．

図10-1　クーロンによる弾性体のねじれの研究

実験I．　2球に電荷を与えると，両球は36度離れた．
実験II．　中心の針金を126度ねじりもどすと，2球間の角距離は18度になった．
実験III．　中心の針金を567度ねじりもどすと，2球間の角距離は8.5度になった．

　以上の結果からねじれ角は角距離の二乗に逆比例することがわかります（表10-1）．ねじれ力はねじれ角に比例することが確認されていますから，ねじれ力とつりあっている静電気力は距離の二乗に逆比例することが示されました．
　次に2球に異種の電荷を与えて電気的引力がはたらく場合には，つりあいの

第 10 章 クーロンとその法則について

位置がとりにくく,わずかの変動で 2 球は接触してしまいます.そこでクーロンは,電気振り子による方法で実験を試みました(図 10-3).台の上におかれた

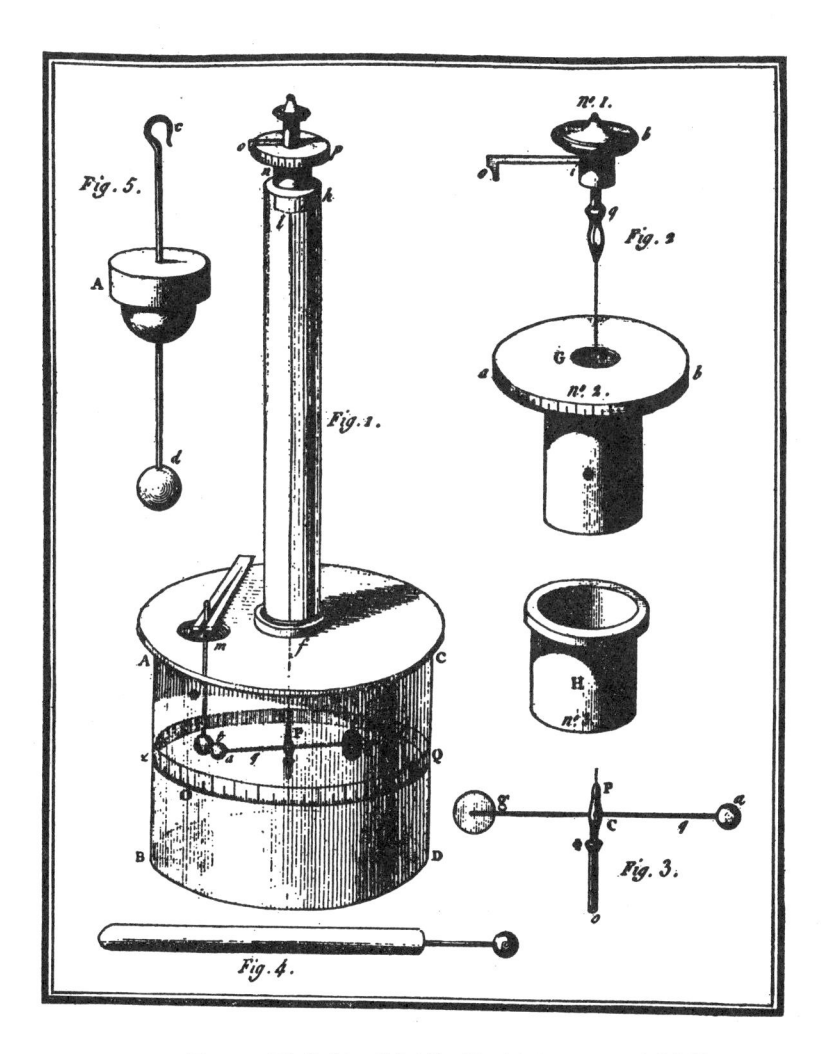

図 10-2 電気的斥力の測定実験に用いられたクーロンのねじれ秤

表 10-1　電気的斥力の測定結果

	2球間の 角距離 α（度）	ねじれ角 θ（度）	2球間の 角距離の相対比	ねじれ角の 相対比
実験 I	36	36	1	1
実験 II	18	144	1/2	4
実験 III	8.5	576	1/4.2	16

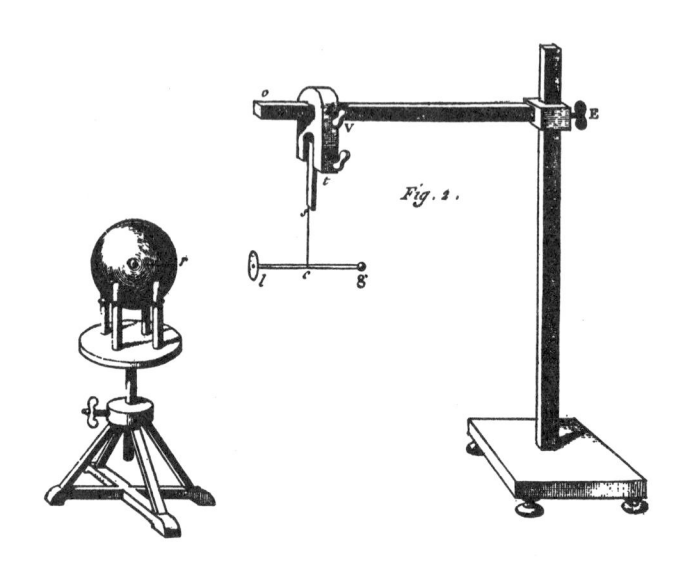

図 10-3　電気的引力の測定実験に用いられたクーロンの振り子の装置

直径12プース（約32 cm）の球とスタンドから絹糸でつるした長さ3プース（約8.1 cm）の針とに異種の電荷を与え，針を振動させその周期を測る方法がとられました．単振り子の周期は重力の平方根に逆比例しますから，この場合の振動周期は静電気力の平方根に逆比例します．したがって，逆二乗法則が成り立つならば，その周期は2球間の距離に比例するはずです．次が実験結果です．

実験I.　球の表面から3プース（約8.1 cm），またはその中心から9プース（約24 cm）離れた点に面1があるときは，20秒間に15回振動した．

実験II.　球の中心から18プース（約49 cm）離れた点に面1があるときは，40秒に15回振動した．

—134—

実験III. 球の中心から 24 プース（約 68 cm）離れた点に面1があるときは，60秒に15回振動した．

以上の結果から，振動周期はほぼ 2 球間の距離に比例していることがわかります（表 10-2）．

表 10-2　電気的引力の測定結果

	中心間距離 r（プース）	15回振動する時間 $15T$（秒）	その理論値 $15T$（秒）
実験 I	9	20	20
実験 II	18	40	40
実験 III	24	60	54

実験 II. においては実験値と理論値にほとんど誤差はありませんが，実験 III. においては 1/10 の誤差があります．これは，帯電していた電荷が実験中に漏洩しその作用が減少したためであるとしています．実験に要した時間は 4 分であり，しかも 1 分間に電荷は総量の 1/40 ずつ漏洩することがわかっていましたから，結局 4 分で 1/10 漏洩したことになります．この電荷の作用も 1/10 に減少し，理論値との誤差はこのため生じたとクーロンは考えました．

4．磁気力の測定実験

クーロンは，磁気的斥力の測定にもねじれ秤を用いました（図 10-4）．

クーロンのねじれ秤といえば，電気力のねじれ秤がすぐに思い出され，その構造や実験結果までよく知られていますが，磁気力のねじれ秤については，あまり知られていないようです．

このねじれ秤も，予想以上に大きなものです．本体を支える正方形の箱は，1辺 3 ピエ（約 97 cm），高さ 18 プース（約 49 cm）もあります．垂直に立てられている円筒も，その長さは 30 プース（約 81 cm）あります．この円筒の中を細いつり線（銀線）がたれさがり，下部で磁針の中心部に固定されています．この磁針の長さは 22 プース（約 60 cm）で，直径は $1\frac{1}{4}$ リーヌ（0.27 cm）ときわめて細いものです．なお，垂直に固定されている細長い棒磁石の長さは，

25 プース（約 68 cm）です．箱内の円版は，直径 2 ピエ 10 プース（約 92 cm）で，360 度の目盛が刻まれています．円筒上端のマイクロメータの部分にも，同様な目盛板がつけられています．

実験の方法は，電気力のねじれ秤と同様です．

垂直に固定された棒磁石の下極と回転できる磁針のひとつの極とが磁気的に反撥して，磁針はつり線のねじれ力と釣り合うまで回転します．次に，上端のマイ

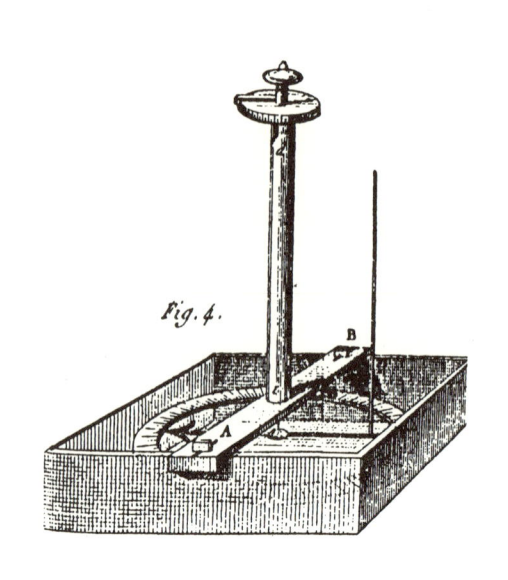

図10-4 磁気的斥力の測定実験に用いられたクーロンのねじれ秤

クロメータを回して，つり線をねじりもどすと，磁針は固定された棒磁石に近づきます．

実験の結果は，次のようでした．最初，装置をセットすると，磁針は，固定棒磁石から 24 度離れます．次に，つまみを回してつり線を 3 回転（1,080 度）ねじりもどすと 17 度になり，さらに 8 回転（2,880 度）ねじりもどすと 12 度になります．このときの 24, 17, 12 度という角度が磁極間の距離を与えます．一方，このときのねじれ角は，24, 1,097（＝1,080＋17），2,898（＝2,880＋12）となりますが，きわめて精巧な秤ですので，地磁気の影響も受けます．この地磁気によるねじれもどしの角は，それぞれ 840, 595, 420 度でした．したがって，両者を合わせて真のねじれ角は，864, 1,692, 3,312 度になります．この角がねじれ力，つまり磁気力を与えることになります．磁極間の距離 24, 17, 12 度とねじれ角 864, 1,692, 3,312 度の関係から，クーロンは磁気力の逆二乗法則を結論づけたのです．

クーロンは磁気的引力がはたらく場合にも実験をしていますが，その方法はやはり振り子の実験でした（図 10-5）．

第10章 クーロンとその法則について

　クーロンは，磁気振り子として長さ1プース（約2.7 cm），重さ70グレイン（約3.7 g）の磁化された細い鋼線を絹糸でつるしました（図10-6）．この振り子から一定の距離にはなして長さ25プース（約68 cm）の磁化された鋼線を垂直に立てました．両者の磁極の高さをあわせてから，磁気的引力によって，振り子を振動させて，60秒あたりの振動回数を測定します．実験は，磁極間の距離をかえておこなわれましたが，その結果は，次のようでした．

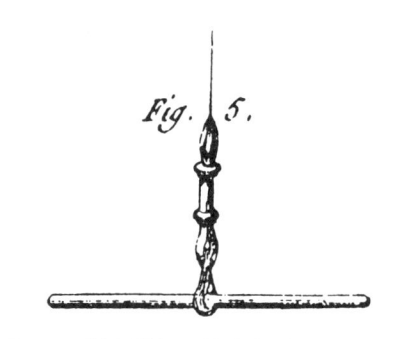

図10-5 磁気的引力の測定実験に用いられたクーロンの振り子の装置

実験I．　地磁気の作用で60秒間に15回振動した．
実験II．　磁極間の距離が4プース（約11 cm）のときは，60秒で41回振動した．
実験III．　磁極間の距離が8プース（約22 cm）のときは，60秒で24回振動した．
実験IV．　磁極間の距離が16プース（約43 cm）のときは，60秒で17回振動した．

　本結果を，クーロンは次のように考えました．まず，振動周期は力の平方根に反比例しますから，逆にこのときの磁気力は，周期の二乗に反比例します．したがって，磁気力は，振動数の二乗で見ることができます．また，地磁気の作用はさしひかねばなりませんから，このことを考えに入れると，距離が1：2である実験 II，III では，磁気力はほぼ逆二乗比になっています（表10-3）．しかし，実験 IV では，力はあまりに小さすぎる値です．この原因をクーロンは，次のように考えました．つまり，実験 IV では，鋼線と振り子との距離が16プース（約43 cm）もあるので，鋼線の長さ25プース（約68 cm）と比べて，鋼線の上極が振り子におよぼす力の水平分力が無視できなくなり，この補正をおこなうと，実験 IV における磁気力として，79 の値が得られ，磁気力と

距離との間にほぼ逆二乗法則の関係があることが明らかになったのです．クーロンは，さらに，振り子の長さを，2，3プース（約5.4，8.1 cm）とかえて実験をくり返し，やはり同じ結論を得ています．

表 10-3　磁気的引力の測定結果

	磁極間距離（プース）	60秒での振動回数	磁気力
実験 I	（地磁気での振動）	15	———
実験 II	4	41	$41^2 - 15^2 = 1,456$
実験 III	8	24	$24^2 - 15^2 = 351$
実験 IV	16	17	$17^2 - 15^2 = 64$（補正 79）

5．実験的基礎

クーロンの実験を数式をまじえて整理しておきます．

まず，ねじれ秤を用いた斥力測定の場合を考えてみます．直径 d，長さ l，弾性係数 G の針金をねじれ角 θ だけねじるのに必要なねじれモーメント T は，θ に比例して，

$$T = \frac{\pi G}{32} \cdot \frac{d^4 \theta}{l}$$

で与えられます．角距離 α の位置でねじれ力 $f(\alpha)$ がこのモーメントとつりあっていると考えられますから，中心から小球までの距離を b として，

$$bf(\alpha) = T$$

となります．

両式から，$\theta = kf(\alpha)$，ただし $k = 32\,bl/\pi d^4 G$ が得られます．

したがって，α と θ の関係を実験で測定することによって，$f(\alpha)$ の形を決定することができます．その結果として，静電気力も磁気力もともに逆二乗法則 $f(\alpha) \propto 1/\alpha^2$ が成り立つことが明らかにされたのです．

次に，振り子を用いた引力測定の場合を考えてみます．

小球の運動方程式は微小振動を考えると，

$$\frac{d^2\theta}{dt^2} + \frac{F(r)}{ml}\theta = 0$$

で与えられます.

ここで，m は小球の質量，l は中心から小球までの距離，$F(r)$ はおのおのの引力です．上式は単振動の式であって，周期を $T(r)$ として，$2\pi/T(r) = \sqrt{F(r)/ml}$ が成り立ちますから，

$$F(r) = \frac{4\pi^2 ml}{\{T(r)\}^2}$$

が得られます．ここで，実験結果によると，$T(r)$ は r に比例していますから，$T(r) = kr$ とおいて，上式は，

$$F(r) = \frac{4\pi^2 ml}{k^2} \cdot \frac{1}{r^2}$$

となります．こうして，引力の場合もまた距離の二乗に逆比例することが明らかにされたのです．

6. クーロンの法則の成立後の発展

クーロンの法則が成立したのは，18世紀末のことでした．電池がボルタによって発明されるのは，ちょうど1800年のことですから，電気の発生はもっぱら摩擦起電器によっていました．電池がひとたび発明されると電流がもついろいろなはたらきが次々と明らかにされるとともに，クーロンの法則もまた力の伝達について近接作用の考えを生みました．近接作用とは，力がまわりの空間を通して伝わるという考えのことです．この考えは，場の理論へと発展していきます．

クーロンは，緻密な実験をおこない，実験結果を論文として発表していましたので，クーロンの法則として，今日その名をとどめていますが，クーロン以前にクーロンよりも高い精度でしかも巧妙な実験で同じ結論を導いていたキャベンディシュという人がいました[15〜17]．人間嫌いのキャベンディシュは論文を発表することすらしていなかったのです．

クーロンとともにキャベンディシュの名を忘れないでいたいですし，科学研究のあり方と科学者の個性についても考えさせられます．

――― 文　　献 ―――

1) C. A. de Coulomb : *Memoires de l'Academie Royale des Science*, 1785（Paris, 1788）pp.569-577.
2) Ibid., pp.578-611.
3) A. Potier（ed.）: *Memoire de Coulomb, Collection des memoires relatifs a la physique*, publies par la Societe francaise de Physique.5 Toms.（Paris, 1884-1891）Tom. I. 上の2論文は, pp.107-146 に所載.
4) *Ostwald's Klassiker der exakten Wissenshaften*, Nr. 13, 1-88（Leipzig, 1890）. 最初の4論文の独訳.
5) W. F. Magie（ed.）: *A Source Book in Physics*（McGraw-Hill, 1935, Harvard U. P., 1965）pp.408-420. 最初の2論文の英訳, ただし抄訳.
6) D. L. Hurd and J. J. Kipling（ed.）: *The Origins and Growth of Physical Science*. 2 Vols.（Penguin Books, 1964）Vol.I, pp.194-209.文献6）より転載したもの.
7) 西條敏美:「静電気力に関するクーロンの逆二乗法則（原典翻訳）」, 『徳島県高等学校理科学会誌』No.21, 13-20（1980）.
8) 矢島祐利著『電磁気学史』（岩波書店, 1950）pp.52-57.
9) ホイッテーカー著, 霜田光一・近藤都登訳『エーテルと電気の歴史』上下2冊（講談社, 1976）上 pp.47-84.
10) D. Roller and D. H. D. Roller : "The Development of the Concept of Electric Charge, Electricity from the Greeks to Coulomb", J. B. Conant（ed.）: *Harvard Case Histories in Experimental Science*, 2Vols.（Harvard U. P., 1948）Vol.2, Case8, pp.614-622.
11) 霜田光一著『歴史をかえた物理実験』（丸善, 1996）pp.1-15.
12) C. S. Gillmor : *Coulomb and the Evolution of Physics and Engineering in Eighteenth Century France*（Princeton U.P., 1971）. クーロンとその科学に関する唯一の成書, 本書の175-221頁が電気磁気の記載に当てられている.
13) P. Heering :"On Coulomb's Inverse Square Law", *Am. J. Phys.*, 60, 988-994（1992）.
14) 網千寿夫:「クーロン理論200周年を記念して」, 『土と基礎』Vol.22, No. 1, 7-8（1974）.
15) レピーヌ, ニコル著, 小出昭一郎訳編『キャベンディシュの生涯』（東京図書, 1978）.
16) G. Willson : *The Life of the Honorable Henry Cavendish*, 1851,（reprinted by Arno Press,1975）.
17) C. Jungnickel and R. McCormmach ; *Cavendish, The Experimental Life*（Associated U. P., 2000）.

第11章
静電気力の逆二乗法則はどこまで正しいか
── 検証実験の系譜 ──

プリーストリ（1733〜1804）

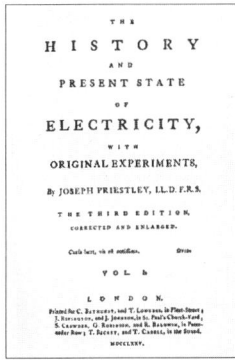

プリーストリ著『電気学の歴史と現状』（1767）の扉

キャベンディシュ（1731〜1810）

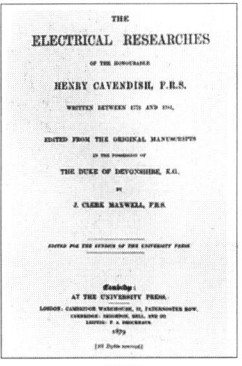

マクスウェル編『キャベンディシュの電気学研究』（1879）の扉

1. クーロンの法則と検証実験

今日，クーロンの法則として知られている静電気力の逆二乗法則は，その厳密性をめぐって，これまで何度も検証実験がおこなわれています．

クーロンの法則は，ねじれ秤を用いた静電気力の直接測定ならびに電気振り子による振動数の測定によって，1785年，クーロンによって確立され[1]，今日では，

$$F = \frac{QQ'}{r^2}$$

という表式で与えられています．ここで，クーロン法則の厳密性とは，分母の2が厳密に2であるかという問題です．言い換えると，この表式を，

$$F = \frac{QQ'}{r^{2+q}}$$

と置いたとき，逆二乗法則からのずれ q はどの程度かという問題です．この q をより厳密に求めようとして，今日まで200年間にわたって検証実験が続けられました．このような例は，科学史を見てもまれなことです．その200年間にわたる歩みは，単に測定精度の向上という問題にとどまらず，広く物理学の基本概念や実験装置，実験方法などの問題とも深くかかわっています．

フランクリン（1706〜1790）　　　マクスウェル（1831〜1879）

2. 検証実験の原理と方法

　逆二乗法則の検証実験で採用された方法は，静電気力を距離の関数として直接に測定するという方法ではなくて，間接的な方法でした．つまり，厳密に逆二乗法則が成立していれば，帯電した球殻内部の小さな帯電体には，静電気力がたがいに打ち消し合って全く作用しませんから，もし，静電気力のわずかな値が検出できれば，逆二乗法則からのずれが理論的に求められるはずです．この原理にしたがって，実際には，2つの同心球殻を帯電したとき，内部に残る電気量やそのポテンシャルで測定されました．

　これらの原理の源は，ニュートンの球殻の理論に見ることができます．ニュートンは，『プリンキピア』(1687)の命題70，定理30で次のように述べています[2]．

　　球面上の各点に，それらの点からの距離の二乗に比例して減少する相等しい向心力は，それらの力によってはいかなる方向にも引かれないことがいえる．

　すでに広く知られていた万有引力に関する球殻の理論を静電気力に適用して，クーロン法則の検証実験がおこなわれたのです．

　静電気力に関する逆二乗法則がクーロンの実証的実験によって確立したのは，18世紀末の1785年のことでした．したがって，これ以前におこなわれた実験を検証実験と呼ぶのは適しませんが，あえて，ここで，プリーストリとキャベンディシュの2人の実験をとりあげてみます．それというのは，プリーストリの実験は，非常に素朴な実験ですが，初めて逆二乗法則成立の可能性を推測しているからです．また，キャベンディシュの実験も，クーロンの実験に比べて高精度であったこと，実験方法も巧妙で，のちの検証実験の模範となっているからです．

3. プリーストリの実験

　静電気力も，万有引力の法則（ニュートン，1687）や，照度の逆二乗法則

（ランベルト，1760）などと同じく，逆二乗法則にしたがうであろうと予想されていましたが，初めて明確に推論したのはプリーストリでした．

政治家として知られるフランクリンは，一面でまた科学者としても活躍していました[3〜5]．1766年6月のある日，親交のあるプリーストリに，書簡にて，「帯電した金属カップの中にコルク球が糸でつるされているとき，コルク球は周囲の電荷の影響を受けず，そのままの状態でとどまっている」ことを発見したが，この事実を詳しく調べてくれるように依頼してきました．プリーストリは，さっそくこの依頼に応じて，その年の12月にかなり系統的な実験を始めました．

まず最初に，フランクリンが指摘した実験の追試をした後，より正確におこなうために，コルク球の代わりに，錫箔を張った小さなびんを帯電した金属カップ内に針金でつるしました（図11-1）．このとき，びんは電気を得ずに，カップの電気は内と外の箔の両方に同じく帯電しました．また，びんの外箔がカップに触れると，びんはわずかに帯電しましたが，内箔と接続しているびんの針金は，カップの電気の影響を受けなかったのです．

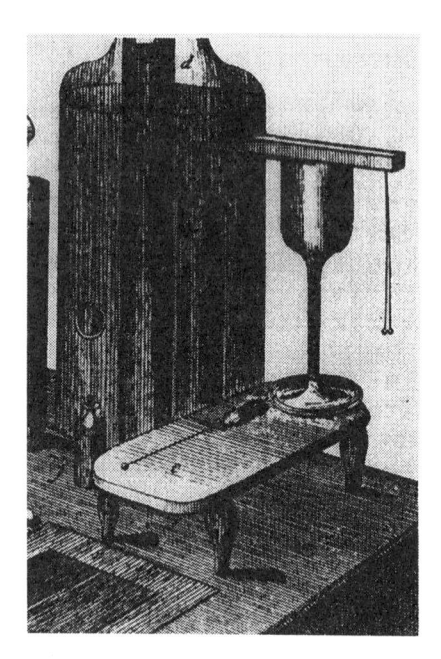

図11-1　プリーストリの実験装置（部分，1767）

この実験事実から，プリーストリは，ただちに静電気力も逆二乗法則にしたがうことを推論したのです．彼は，次のように述べています．

　この実験から，電気の引力は重力のそれと同じ法則にしたがい，それゆえ，距離の二乗法則にしたがうと推論してはいけないだろうか．なぜなら，地球が殻の形をしていれば，その内部の物体がどちらか一方の側により強く引か

第11章 静電気力の逆二乗法則はどこまで正しいか

れるはずがないことは容易に証明できるからである．

　この実験報告は，「帯電したカップを用いた実験」と題して，翌年刊行されたプリーストリ著『電気学の歴史と現状』[6]（1767）に収録されています．本書は主に18世紀の電気学研究を年代記的に詳述したもので全2巻約900頁の分厚いものです．そのうちの約4分の1は，本報告の他プリーストリ自身のオリジナル実験報告にあてられています．本書は，当時高く評価され，版を重ねました．そして，後に彼が王立協会会員に推される業績のひとつにもなりました．

4．キャベンディシュの実験

　キャベンディシュの実験も，プリーストリにやや遅れて，1772年から翌年にかけておこなわれましたが，単に逆二乗法則を推論するにとどまらず，それからのずれをも検討しています．その結果，逆二乗法則からのずれは，±1/50以下であるという高精度の結論が導かれています．ただし，この事実が広く知られたのは，約100年後の1879年のことでした．

　キャベンディシュ家からの寄付によって，1874年キャベンディシュ研究所が設立されました．その初代所長に就任したマクスウェルは，長く保管されたままになっていたキャベンディシュの遺稿を整理する仕事にもあたっていました．その結果は，『ヘンリー・キャベンディシュの電気学研究』[7]という画期的な書物にまとめられ，1879年刊行されました．こうして，キャベンディシュの名が輝かしく登場することになったのです[8〜10]．

　本書で明らかにされたことの中で重要なことのひとつは，すでに，クーロンの法則として確立されていた逆二乗法則が，クーロンよりも10年余りも前に，クーロンとは異なる巧妙な実験装置で，しかもクーロンよりも高い精度で帰結されていたことです．それを報じた論文は，「電気力の法則の実験的決定」[7]と題して，まとめられていました．しかし，極度に交際嫌いであったキャベンディシュは，研究成果においてもそのほとんどを発表しないでいたのです．本論文も，そのひとつで，もし発表していれば，逆二乗法則は，クーロンの法則とし

−145−

てではなくキャベンディシュの法則と名づけられたであろうといわれています。

さて、キャベンディシュの実験は、次のようなものです（図 11-2）。錫箔を張った直径 12.1 インチ（約 31 cm）の球を作り、これをガラス棒で支えます。

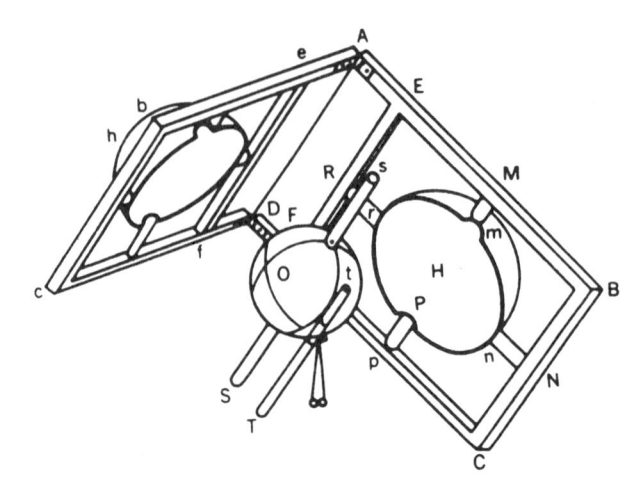

図 11-2　キャベンディシュの実験装置

この球を木の枠に取りつけた直径 13.3 インチ（約 34 cm）の 2 つの半球によって、触れることなくおおいい包みます。内球と外側の 2 半球は絹糸をかけた針金で接触しておいてから、半球をライデンびんの陽極に接続して帯電させます。ただちに、絹糸をあやつって内球と外側の 2 半球との連絡をきります。そして、2 半球を取り去り、内球の帯電状態を調べるのです。それには、絹糸や麦わらの先端に 2 つのコルク球がつるされた簡素な検電器が用いられました（図 11-3）。

この結果、2 つのコルク球の開き具合から、内球の電荷は初めに与えた電

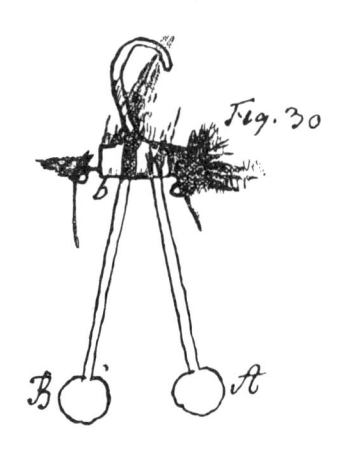

図 11-3　キャベンディシュの検電器

第11章 静電気力の逆二乗法則はどこまで正しいか

荷の 1/60 より小さいことが確認されました.

そこで、キャベンディシュは、電気流体を 1 種類の弾性流体から成るとし、この立場から次のように考えました（図11-4）.

abd を内球、ABD を外球とします. 静電気力を距離の n 乗に逆比例するとして、外殻の電気流体が e 点の単位粒子におよぼす斥力と、内球の同量の電気流体がそれにおよぼす斥力との比を、ニュートンの流率法で求めています. その計算過程は煩雑ですので、結果のみ記せば、

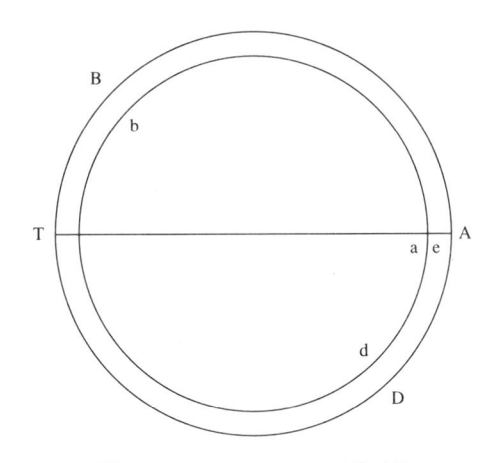

図11-4 キャベンディシュの実験原理

$$\frac{F_1}{F} = \frac{(p^{2-n}-p)/(n-1) + (p^{3-n}-1)/(3-n)}{(1+p)\ 2^{n-1}\ (1-p)^{2-n}} \quad (1)$$

なる式が与えられます（p.158, 付録参照）. ここで、$p = Ae/Te$ とおきかえています. 装置の大きさから、$Ae = 0.35$ インチ, $Te = 13.1$ インチです. いま、$n = 2 + 1/50$ のとき数値計算すれば、この比は、1/57 になります. したがって、このままでは、内球の電気流体が外球へと流れ出ることになりますが、実際は平衡状態にあります. したがって、内球の電荷は、外球の電荷の 1/57 でなければならないことになります. こうして、実験結果の 1/60 とよい一致が得られます. キャベンディシュは、その論文末尾で、「それゆえ、電気的斥力と引力は、距離の 2+1/50 乗と 2−1/50 乗の間のべき乗に逆比例するにちがいない」と述べています.

こうして、逆二乗法則からのずれ q は、

$q = \pm 1/50 = \pm 2 \times 10^{-2}$

であることが結論づけられました.

なお、当のクーロン自身も、やや遅れてこの実験を定性的に試みています（図11-5）. 金属球を 2 つの金属半球で包み、全体を帯電させた後、2 半球を取り去

ると，電荷は 2 半球のみに帯電し，内球はまったく帯電していなかったのです．また，内球だけを帯電させて 2 半球を包んだ後に，2 半球を取り去っても同じ結果が得られました．この事実によって，クーロンは逆二乗法則が成立することを確認しましたが，キャベンディシュのようにそのずれを検討するところまでは至っていません．ただ，クーロンが静電気力の直接測定から得た逆二乗法則からのずれ q は，その実験精度から見て，$q=\pm 14\times 10^{-2}$ とみなされています[1]．

図11-5　クーロンの実験装置（1785）

5. マクスウェルの実験 ― 19 世紀の検証実験

マクスウェルは，キャベンディシュの実験を広く紹介するだけでなく，みずからもその追実験をおこない，さらに精度を高めました．つまり，逆二乗法則からのずれ q は，$q=\pm 1/21{,}600$ 以下であることを実証しました．

マクスウェルの追実験の報告は，「2 半球に囲まれた球の帯電に関するキャベンディシュの実験」[11] と題して，さきの『ヘンリー・キャベンディシュの電気学研究』（1879）の巻末にノートとして収録されています．また，著名な『電磁気論』（1873）の中の 1 節でも，「逆二乗法則の証明について」[12] と題して，ほぼ同じ内容の事柄が述べられています．

キャベンディシュの実験から約 100 年の歳月が流れていましたので，電磁気

第11章 静電気力の逆二乗法則はどこまで正しいか

学の理論や実験技術はかなり進歩していました．19 世紀前半には，ポアソン，グリーン [13]，ガウス [14] らによってポテンシャル理論が完成していて，マクスウェルは，電荷や静電気力ではなくポテンシャルにて測定しました．また，実験技術に関しては，キャベンディシュは外側の 2 半球を取り除いてから内球の電気量を測定しましたが，マクスウェルは外球を取り除かずに，アースしておいてから内球のポテンシャルを測定しました．これは外部の影響を受けないようにするためでした．電位計も感度のよいトムソンの象限電位計（図 11-6）を用いて，精密な測定をおこないました．

マクスウェルの理論的考察の過程は，今日の理論と変わることなくわかりやすいものです．そして，続く 20 世紀に入ってからの検証実験においても，実験装置や測定技術は向上しているものの，原理的には，このマクスウェルの

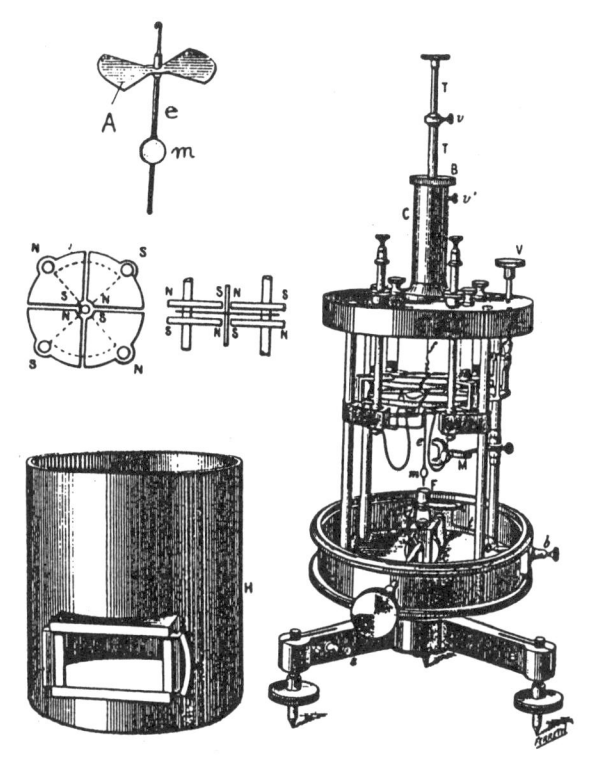

図 11-6　トムソンの象限電位計

式が使われています．その考察の大筋をたどってみることにします．ただし，マクスウェル自身の表記と必ずしも完全には一致していません．

2つの単位電荷間の静電気力が，それらの間の距離の関数 $F(r)$ であるとします．このとき，単位電荷から距離 r におけるポテンシャルは，

$$U(r) = \int_r^\infty F(r)\,dr \tag{2}$$

で与えられます．次に，単位表面電荷が半径 a の球上に均一に分布しているとき，球の中心から距離 r におけるポテンシャルは，やや煩雑な計算手続を経て，

$$V(r) = [f(r+a) - f(|r-a|)]/zar \tag{3}$$

で与えられます．ここで

$$f(r) = \int_0^r rU(r)\,dr \tag{4}$$

です．とくに，半径 a ($a > r$) の球面上に均一に分布した単位表面電荷によって，その内側にある半径 r の同心球上に誘起するポテンシャルを考えると，

$$\frac{V(r) - V(a)}{V(a)} = \frac{a}{r}\left[\frac{f(a+r) - f(a-r)}{f(2a)}\right] - 1 \tag{5}$$

が得られます．ここで，クーロン法則における逆二乗法則からのずれを q として，

$$F(r) = \frac{1}{r^{2+q}} \tag{6}$$

とおいて，$q \ll 1$ とし，q の2次以上の項を無視して近似計算をおこなうと，式(4)は，

$$\frac{V(r) - V(a)}{V(a)} = qF(a, r) \tag{7}$$

ただし，

$$F(a, r) = \frac{1}{2}\left[\frac{a}{r}\ln\frac{a+r}{a-r} - \ln\frac{4a^2}{a^2-r^2}\right] \tag{8}$$

で与えられます．

それゆえ，$F(a, r)$ は，装置の大きさで決まる関数ですので，外球のポテンシャル $V(a)$ と，内球と外球のポテンシャル差 $V(r) - V(a)$ を実験で測定

すれば，式 (6) より，ずれ q を求めることができます．
　こうして，マクスウェルが得た値は，
$$q = \pm 1/21{,}600 = \pm 4.6 \times 10^{-5}$$
でした．

6．プリムトンらの実験 — 20 世紀前半の検証実験

　マスクウェルの検証実験によって，クーロン法則の信頼度はより強固なものになるとともに，マクスウェル自身の手で古典電磁気学の体系が完成されました．また，19 世紀末から 20 世紀にかけては，X 線，電子，放射線，あるいは光量子などがあいついで発見されて，1920 年代末には相対論や量子論をも完成し，現代物理学の基礎が形成されていました．しかし，なおも，クーロン法則をより厳密に検証しようという動きがありました．それは，1936 年のプリムトンらの実験で（図 11-7），「電荷間の力に関するクーロン法則の非常に正確な検証」[15] と題して発表されました．マクスウェルの実験から，さらに数十年の歳月が流れ，電磁気に関する知見はもとより，実験装置や測定技術がはるかに改良進歩していました．

　実験の原理は，キャベンディシュ，マクスウェルらの実験と同じですが，接触電位差と自然電離の影響を取り除くよう配慮されていました．また，高電圧の交流を使用した点も異なっています．

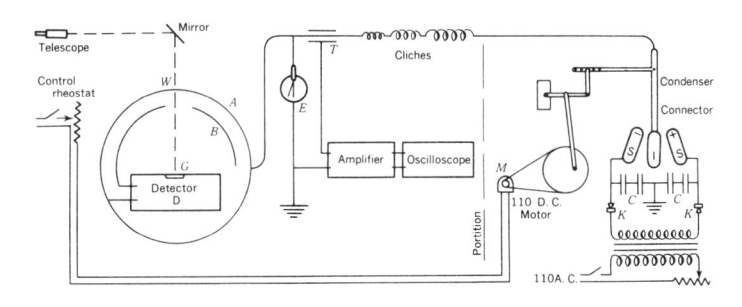

図 11-7　プリムトンらの実験装置 (1936)

外球と内球の直径が，それぞれ 1.5 m，1.2 m という非常に大きな同心球殻に，3,000 V，約 2 Hz の交流電圧を加えます．

内球内には，増幅器を内蔵した共鳴型電気計がセットされ，その振れは外側の望遠鏡で読みとられます．このような装置で，内球に帯電した電荷によるポテンシャルは，10^{-6} V でした．一方，加えた電圧は，3,000 V でしたから，この装置の $F(a, r) = 0.169$ を入れて，マクスウェルの式（7）より，逆二乗法則からのずれ q は，

$$q = 2.0 \times 10^{-9}$$

という非常に小さな値が得られました．

7．ウィリアムズらの実験—20 世紀後半の検証実験

クーロン法則の検証実験は，その後も続けられました．主なものとして，コクランらの実験（1968），バートレットらの実験（1970），そしてウィリアムズらの実験（1971）などがあります．これらの実験がおこなわれる背景として，1936 年以後の技術発展，つまり，ロックインアンプやシンクロスコープでより微小電圧の測定が可能になったこと，高周波技術が一段と進歩してより高電圧の発生が可能になったこと，さらにコンピュータなどによる複雑なデータ解析が容易になったことがあげられますが，さらにその重要な特徴として，単にクーロン法則の検証という目的にとどまらず，光子の静止質量をもこの実験を通して測定しようとする点をあげることができます[16]．言い換えると，逆二乗法則にわずかでもずれがあれば，光子が静止質量をもつようになり，現代物理学の基礎がゆるがされるからです．

いま，光子がわずかであろうが静止質量 m_0 をもっているとすれば，2 つの電荷間の静電気力は，もはやクーロン力ではなくて，ポテンシャル

$$U(r) = \frac{e^{-kr}}{r} \tag{9}$$

から導かれる湯川力によって反撥されます．ここで，$k = m_0 c / h$ で，c は真空中の光の速さ，h はプランク定数です．なおここで，$m_0 = 0$ であれば，$U(r) = 1/r$ で普通のクーロンポテンシャルになります．いま，$kr \ll 1$ として，kr の

2次以上の項を無視して，マクスウェルの式の展開と同様な手続を経て，式 (6) に対応する式

$$\frac{V(r)-V(a)}{V(a)} = -\frac{1}{6}k^2(a^2-r^2) \tag{10}$$

を得ます．したがって，外球および内球と外球とのポテンシャル差の比を実験で測定すれば，式 (9) より k が求められ，光子の静止質量 m_0 を求めることができます．あるいは，式 (6) と式 (9) より，

$$qF(a, r) = -\frac{1}{6}k^2(a^2-r^2) \tag{11}$$

が得られ，q が求まれば，この式から k を求めることができます．当然，$q = 0$ であれば，$k = 0$ すなわち $m_0 = 0$ であることはいうまでもありません．

最初にあげたコクランらの実験は，「電荷間の力に関するクーロン法則の新しい実験的検証」[17] と題して，1968年短いノートとして発表されました．その実験装置や実験方法の詳細はまったく述べられていませんが，プリムトンらの実験をさらに詳しく追試して，

$$q = 2(1 \pm 4.6) \times 10^{-12}$$

が得られたと報告しています．

これまでの実験において，同心球殻は内球と外球の2つにすぎませんでしたが，バートレットらは，5つに増やしました (図11-8)．

この実験報告は，「クーロン法則の実験的検証」[18] と題して，1970年発表されました．

40 KV, 2,500 Hz という高電圧がもっとも外側の2球殻に加えられ，誘起電圧はもっとも内側の2球殻で測定されました．その測定には，1 nV という微小電圧が検出可能なロックインアンプが使われました．ちょうど真ん中の球殻はシールドの役目をさせています．装置はさらに大きくなって，外側の球殻で 2.96 m もあります．マクスウェルの式 (6) を，今の装置に適用すれば，

$$\frac{V_2-V_1}{V_3-V_4} = q\frac{r_4}{r_4-r_3}\Big[F(r_3, r_2) - F(r_3-r_1)\Big] \\ - q\frac{r_3}{r_4-r_3}\Big[F(r_4, r_2) - F(r_4, r_1)\Big] \tag{12}$$

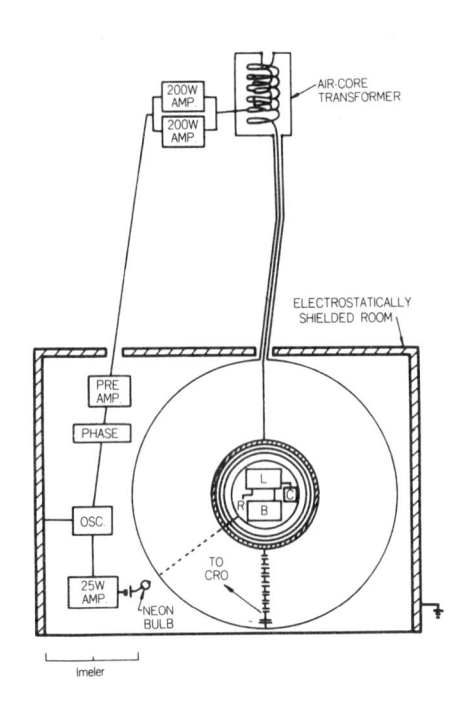

図 11-8　バートレットらの実験装置（1970）

となります．実験の結果は，加えた電圧 $V_3 - V_4 = 40$ KV（2,500 Hz）に対して，誘起電圧 $V_2 - V_1 = 0.3$ nV でした．こうして，式（12）より，逆二乗法則からのずれ q は，

$$q = \pm 1.3 \times 10^{-13}$$

が得られました．なお，この結果得られる光子の静止質量は，$m_0 = 3 \times 10^{-46}$g です．

翌 1971 年，「クーロン法則の新しい実験的検証，光子の静止質量の実験的上限」[19] と題するウィリアムズらの実験が発表されました．この実験では，さらに実験装置が大型で複雑になっています（図 11-9）．バートレットらの実験と同じく殻は 5 層あり，外側の殻の直径は，バートレットらの装置と同じかそれ以上です．ただし，殻は球型ではなくて，正二十面体の構造をしています．

外側の 2 殻に 4 MHz，10 KV の高電圧を加えて，内側の 2 殻に誘起する電圧を感度 10〜12 V で同様に測定します．その結果，得られた逆二乗法則から

第11章 静電気力の逆二乗則はどこまで正しいか

のずれ q は,

$$q = (2.7 \pm 3.1) \times 10^{-16}$$

であり,また,このとき得られた光子の静止質量 m_0 は,

$$m_0 = 1.6 \times 10^{-47} \mathrm{g}$$

でした.

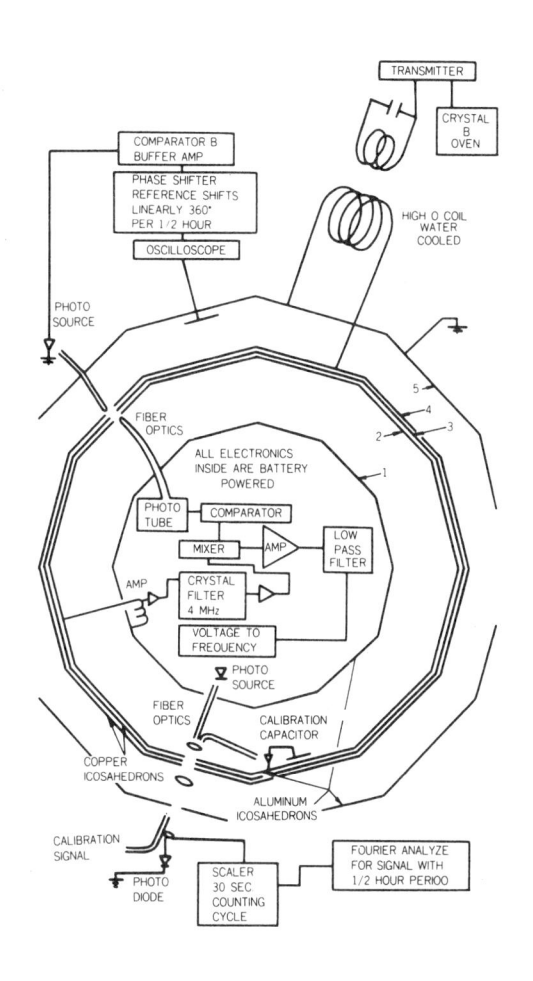

図 11-9 ウィリアムズらの実験装置 (1971)

8. 検証実験と技術・理論の発展

　200年間にわたるクーロン法則の検証実験の歩みを見てくると，世紀ごとにいちじるしく発展しているのがわかります．

　まず，実験装置の面からその歩みを見ると，たとえば，18世紀のキャベンディシュの装置では，単に内球とそれをおおい包む2半球だけしかなく，大きさも約30 cmにすぎませんでしたが，20世紀のバートレット，ウィリアムズらの装置は，5つの同心殻から成り，その大きさも約3 mもある大きなものでした．電気を検出する測定器具についても，キャベンディシュの時代では，2つのコルク球を糸でつるし，その開き具合を見るという素朴な電気計が使われましたが，19世紀のマクスウェルの時代では，かなり精密測定可能なトムソンの象形電気計が使われました．また，20世紀の実験では，ロックインアンプやシンクロスコープの利用によっていちじるしく精度の高い測定が可能になりました．

　実験に使用する電圧の発生装置についても，キャベンディシュの時代では，まだ摩擦起電器が発明されてから年月も浅く，同じ時代に発明されたライデンびんに蓄電させて使用するにすぎませんでした．ボルタによる電池の発明（1800）もまだなされていなかったのです．マクスウェルの時代になると，電池は発明されており，比較的安定した電源装置として使用できましたが，交流電圧の使用にはほど遠いところにありました．20世紀に入ってからの実験では，交流電圧，それも高電圧の発生が容易になり，測定器具の進歩とあいともなって測定の精度を高めました．

　測定の理論の面から見ると，キャベンディシュの時代では，電荷の概念すらまだ必ずしも明確になされていませんでした．手で触れたショックの程度で電気の強さを見定める方法すらよくおこなわれていました．まだ，電気の一流体説と二流体説が論争していた時代です．そんな中で，プリーストリは直接に静電気力に，キャベンディシュは電荷にそれぞれ注目して実験をおこないました．やがて，18世紀末から19世紀にかけて，静電気の理論が数学的にいちじるしく進歩しました．つまり，電荷の概念は，まだあいまいさが残っていましたが，静電気力が逆二乗法則で表わされることが明らかになりますと，それまでラグ

第11章 静電気力の逆二乗法則はどこまで正しいか

ランジェやラプラス等によっていちじるしく進歩していた天体力学の理論が静電気学に導入されて，19世紀前半には，ポアソン，グリーン，ガウス等によってポテンシャル理論が完成しました．マクスウェルは，ポテンシャルにて実験結果をまとめました．20世紀になると，理論はいちじるしく進歩し，物理学の体系が構築されました．その中で特徴的なことは，クーロン法則の検証と光子の静止質量の測定とを関連づけて実験がおこなわれたことです．

こうして，1767年，プリーストリが静電気力の逆二乗法則を推論して以来，また，1785年，クーロンがこの法則を確立して以来，200年間にわたる地道な検証実験の末，今日ではウィリアムズらの実験によって，逆二乗法則からのずれ q があったとしても，それは，

$$q = (2.7 \pm 3.1) \times 10^{-16}$$

以下であることが確かめられました．つまり，逆二乗法則の 2 は，少数以下 15 桁まで 0 が続く 2 であることが実証されたのです．また，光子の静止質量についても

$$m_0 = 1.6 \times 10^{-47} \text{g}$$

が得られ，0 と考えてよいことが実証されたのです．

自然はもっとも単純な数学で表現されるといわれますが，200年間にわたるクーロン法則の検証実験を通して，今さらながら，その限りなき知的探究の努力とともにその斉一性のすばらしさを知ることができます（**表11-1**）．

表11-1 逆二乗法則からのずれの測定結果

	年度	クーロン法則（$1/r^{2+q}$）からのずれ q
プリーストリ	1767	逆二乗法則の推測
キャベンディシュ	1772〜73	$\pm 2 \times 10^{-2}$
クーロン	1785	$\pm 4 \times 10^{-2}$
マクスウェル	1873	$\pm 4.6 \times 10^{-5}$
プリムトンら	1936	$\pm 2.0 \times 10^{-9}$
コクランら	1968	$2(1 \pm 4.6) \times 10^{-12}$
バートレットら	1970	$\pm 1.3 \times 10^{-13}$
ウィリアムズら	1971	$(2.7 \pm 3.1) \times 10^{-16}$

付録．キャベンディシュの式の追計算

キャベンディシュの式（1）は，ニュートンの流率法によって導かれますが，原論文を見ても実にわかりにくいものです．ここで，今日的な計算法でこの式を導き，結論を確かめてみることにします．演習問題ともなります．

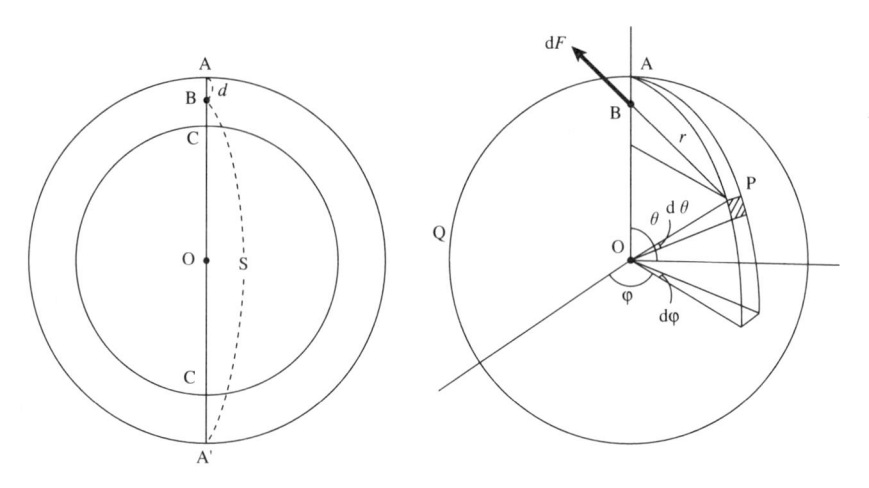

図 11-10　キャベンディシュの実験原理　　　図 11-11　座標の設定

まず，外球の電荷を Q とし，この電荷が点 B の単位電荷におよぼす斥力 F_1 を考えます（図 11-10, 11）．いま，外球の半径，点 B の中心からの距離を，

$$\left.\begin{array}{l} \mathrm{OA} = \dfrac{s+d}{2} = a \\ \mathrm{OB} = \dfrac{s-d}{2} = b \end{array}\right\} \tag{13}$$

とし，図のように極座標をとると，球面上の点 P の面積素 dS および電荷密度 σ は，

$$\left.\begin{array}{l} dS = a^2 \sin\theta\, d\theta\, d\phi \\ \sigma = \dfrac{Q}{4\pi a^2} \end{array}\right\} \tag{14}$$

となりますから，この面積素の電荷 σdS が点 B の単位電荷におよぼす斥力 dF は，

$$dF = k\sigma \frac{dS}{r^n} = \frac{kQ}{4\pi} \cdot \frac{\sin\theta\, d\theta\, d\phi}{r^n} \tag{15}$$

第11章 静電気力の逆二乗法則はどこまで正しいか

となります。ところが、OA 軸に直角な方向の力の成分は全体では打ち消しあいますから、OA 軸方向の力の成分だけを考えるとよいこととなります。したがって、この方向の方向余弦 $(b-a\cos\theta)/r$ をかけて、

$$F_1 = \frac{kQ}{4\pi} \int_0^{2\pi} \int_d^s \frac{b-a\cos\theta}{r^{n+1}} \sin\theta \, d\theta \, d\phi \tag{16}$$

となります。一方、$r^2 = a^2 + b^2 - 2ab\cos\theta$ の関係から、

$$a\cos\theta = \frac{a^2+b^2-r^2}{2b}$$
$$a\sin\theta \, d\theta = \frac{r}{b} dr \tag{17}$$

を代入して、整理すると、

$$F_1 = \frac{kQ}{8\pi ab^2} \int_0^{2\pi} \int_d^s \frac{b^2-a^2+r^2}{r^n} dr d\phi \tag{18}$$

となります。

ここで、r と ϕ は独立しているので、

$$\int_0^{2\pi} d\varphi = 2\pi$$
$$\int_d^s \frac{b^2-a^2+r^2}{r^n} dr$$
$$= (b^2-a^2)\frac{s^{1-n}-d^{1-n}}{1-n} + \frac{s^{3-n}-d^{3-n}}{3-n} \tag{19}$$

と計算されます。

また、式(13)でおきもどすと、

$$F_1 = \frac{kQ}{4\left(\frac{s+d}{2}\right)\left(\frac{s+d}{2}\right)^2} \left[\left\{\left(\frac{s-d}{2}\right)^2 - \left(\frac{s+d}{2}\right)^2\right\} \cdot \frac{s^{1-n}-d^{1-n}}{1-n} \right.$$
$$\left. + \frac{s^{3-n}-d^{3-n}}{3-n}\right] \tag{20}$$

となります。そして、$p = d/s$ とおいて整理すると、

$$F_1 = \frac{2kQ}{s^n(1+p)(1-p)^2}\left(\frac{p^{2-n}-p}{n-1} + \frac{p^{3-n}-1}{3-n}\right) \tag{21}$$

となります。ここで、−が付いているのは、この力が球の中心を向いているこ

とを示します．これは，点 B が端 A に近く，近いところの電荷から受ける力が大きくなるので，当然の帰結です．以下では，この力を球の中心を向いていることとし，絶対値を F_1 とします．

次に，内球に電荷 Q があるとき，この電荷が点 B の単位電荷におよぼす力 F_2 を求めたいのですが，この場合は中心にすべての電荷が集まっていると考えることができます．キャベンディシュも，こちらはさらりと答えを出しています．したがって，

$$F_2 = k \frac{Q}{\left(\frac{s-d}{2}\right)^n} = \frac{kQ2^n}{s^n(1-p)^n} \qquad (22)$$

となります．

以上の 2 つの計算結果式（21）(22）より，先の結論式（1）はただちに出てきます．

式（1）で，$F_1 : F_2 = 1 : 57$ になることも確かめてみます．

ここで，

$$p = \frac{Ae}{Te} = \frac{0.35}{13.1} = 0.0267$$
$$n = 2 + \frac{1}{50}$$

ですから，これらをキャベンディシュの式に代入しますと，

$$\frac{F_1}{F_2} = \frac{\dfrac{(0.0267)^{-0.02} - 0.02672}{1+0.02} + \dfrac{(0.0267)^{0.98} - 1}{1-0.02}}{(1+0.0267)\, 2^{1.02}\, (1-0.0267)^{-0.02}}$$

となります．ここで指数部分は，

$(0.0267)^{-0.02} = 1.075$, $(0.0267)^{0.98} = 0.0287$
$2^{1.02} = 2.03$, $(1-0.0267)^{-0.02} = 1.0005$

ですから，

$$\frac{F_1}{F_2} = \frac{0.0366}{2.0853} = \frac{1}{56.97} = \frac{1}{57}$$

となり，キャベンディシュの計算と一致する値を得ます．

第11章　静電気力の逆二乗法則はどこまで正しいか

――――文　　献――――

1) Charles Augistin de Coulomb : *Mem. I'Acad. Sci.*, 1785（Paris, 1788）pp.569-611. 邦訳，西條敏美訳『徳島県高等学校理科学会誌』No.22, 41-50（1981）．
2) ニュートン著，河辺六男訳『自然哲学の数学的諸原理』世界の名著26（中央公論社，1971）p.230.
3) 杉山忠平著『理性と革命の時代に生きて－J. プリーストリ伝－』（岩波新書，1974）．
4) F. W. Gibbs : *Joseph Priestley, Adventurer in Science and Champion of Truth*（Nelson, 1965）．
5) R. E. Schofield（ed.）: *A Scientific Autobiography of Joseph Priestley*, 1733-1804（M. I. T. Press, 1966）．
6) Joseph Priestley : *The History and Present State of Electricity with Original Experiment*, 2 Vols., London, 1767（reprinted by Johnson Reprint, New York, 1966）Vol.II, pp.372-376, -"Experiments with an Electrified Cup". 邦訳，西條敏美訳『徳島県高等学校理科学会誌』No.21, 13-20（1980）．
7) Henry Cavendish : "Experimental Determination of the Law of Electric Force", J. C. Maxwell（ed.）: *The Electrical Reserches of Honourable Henry Cavendish*, London, 1879（reprinted by Frank Cass, London, 1967）pp.104-113. 邦訳，西條敏美訳『徳島県高等学校理科学会誌』No.21, 13-20（1980）．
8) レピーヌ，ニコル著，小出昭一郎訳編『キャベンディシュの生涯』（東京図書，1978）．
9) G. Willson : *The Life of the Honourable Henry Cavendish*, 1851（reprinted by Arno Press, 1975）．
10) C. Jungnickel and R. McCormmach : *Cavendish, The Experimental Life*（Associated U. P., 2000）．
11) James Clerk Maxwell: "Cavendish's Experiment on the Charge of a Globe between two Hemispheres", *Ibid.*, pp.417-422.
12) James Clerk Maxwell : *A Tretise on Electricity and Magnetism*, 2Vols., Oxford, 1873（reprinted by Dover, New York, 1954）Vol.I, pp.80-86,-"On the Proof of the Law of the Inverse Square".
13) G.Green : *An Essay on the Application of Mathematical Analysis to the Theories of Electricity and Magnetism*（Nottingham, 1828）．邦訳，荒木吉次郎『東北帝国大学蔵版科学名著集』第5冊（丸善，1914）．
14) C.F.Gauss : "Allgemeine Lehrsatze in Beziehung auf die in Verkehrten Verhaltnisse des Quadrats der Enfernung wirkenden Anziehungs und Abstassungs-Krafte", *Ostwald's Klassiker* 2, 1-50（1902）．邦訳，愛知敬一・大久保準三訳『東北帝国大学蔵版科学名著集』第4冊（丸善，1914）．
15) S. J. Plimton and W. E. Lawton : "A Very Accurate Test of Coulomb's Law of Force Between Charges", *Phys. Rev.*, 50, 1066-1071（1936）．

16) ゴルルドハーバー, ニート:「光子に質量はあるか」,『サイエンス』Vol.6, No.7, 28-38 (1976).
17) G. D. Cochran and P. A. Franken : "New Experimental Test of Coulomb's Law of Force between Charges", *Bull. Amer. Phys. Soc.*, 13, 1379 (1968).
18) D. F. Bartlett, P. E. Goldhagen, and E. A. Phillips : "Experimental Test of Coulomb's Law", *Phys. Rev.*, D2, 483-487 (1970).
19) E. R. Williams, J. E. Faller, and H. A. Hill : "New Experimental Test of Coulomb's Law : A Laboratory Upper Limit on the Photon Rest Mass", *Phys. Rev. Letters*, 26, 721-724 (1971).

第12章
光で電子をたたきだす
―― 光電効果をめぐる論争 ――

J. J. トムソン（1856〜1940）

ローレンツ（1853〜1928）

レナート（1862〜1947）

ゾンマーフェルト（1868〜1951）

ミリカン（1868〜1953）

1. 光電効果をめぐる問題

　金属の表面に光（一般に電磁波）を照射すると，金属から電子がとびでる現象，いわゆる光電効果は光の粒子性が端的に現れた現象として，原子物理学の冒頭で必ずとりあげられています．

　その論理は，大体次のようです．まず，レナートの実験結果（1902）として，次の諸性質があげられます．

① 照射光の振動数 ν がある値 ν_0（限界振動数）より小さければ，どんなに強い光を照射しても光電効果は起こらない．

② とびでた電子の最大運動エネルギー K_0 は，ν に比例し，照射光の強さには関係しない．

③ とびでる電子の数は，照射光の強さに比例する．

④ 金属面に光を照射してから電子がとびでるまでの時間はきわめて短く，ほとんど瞬間的である．

　つづいて，この実験はこれまでの光の波動説では説明できないとして，アインシュタインの光量子説が登場します．アインシュタインは，1905年振動数 ν の光はその振幅数 ν に比例する $h\nu$（h をプランク定数といいます）のエネルギーをもった多数の微粒子（光量子）の流れからなるとし，この光量子が金属中

ボーア（1885〜1962）とプランク（1858〜1947）　　　アインシュタイン（1879〜1955）

第12章　光で電子をたたきだす

の電子にエネルギーを与えて，電子を金属からたたきだすとともに，みずからは消滅すると考えました．そして，とびでる電子の質量を m，速さを v，金属の仕事関数を W として，アインシュタインの光電効果の式，

$$\frac{1}{2}mv^2 = h\nu - W \tag{1}$$

を立てるとともに，光電効果の実験結果をみごとに説明したと記されています．

　しかしながら，これまで慣れ親しんできた波動説で説明できないと急にいわれても，初学者は戸惑うばかりです．光電効果の実験結果そのものが常識では考えにくいし，光量子説も奇妙に思えます．都合のよい理屈をふりまわしているようにすら見えます．

　歴史的にみても，レナートが明らかにしえたのは，実験結果の③くらいのものです．④についてはすでに明らかにされていましたが，①の限界振動数 ν_0 の存在については，波長を任意に変化させられる光源は開発されてなく，まだ見い出されてはいませんでした．②についても，とびでた電子の最大運動エネルギー K_0 が振動数 ν の一乗に比例するのか，二乗に比例するのか明らかではなかったのです．

　このような状況ですから，アインシュタインが光量子説によって光電効果をみごとに説明したというのは正しいとはいえません．当時にあっては，アインシュタインの支持者はほとんどなく，多くの人々は，従来の波動説の枠内で説明しようとしたといってよいでしょう．

　波動説による説明としては，次のようなものです．

　金属中の電子は，弾性力に対応する力を中心の原子から受けて，ある固有振動数 ν_0 で振動しています．そこに振動数 ν の光が照射されると強制振動が起こり，とくに $\nu = \nu_0$ のときに共鳴が起こります．

　このとき，電子の振動のエネルギーはいっきに増加し，やがて原子の束縛を離れて，とびでてくると考えることができます．しかし，この考えだけではうまく実験結果を説明できないであろうことは，当時の誰もが気づいていました．何らかの形で，プランク定数 h がかかわってくることが予想されていたのです．

　このプランク定数 h を導入した共鳴理論が，1911年ゾンマーフェルトらによって提出されます．この理論はなかなか興味深い考え方ですが，今日では省

みられることが少なくなりました．

ここに，光電効果をめぐる歴史的議論の跡をたどってみます．

2. 発見，そして初期の研究[1]

光電効果の発見者として，普通ヘルツの名があげられます．彼は，1887年電磁波の検知実験をおこなっていたとき，紫外線を火花間隙に照射すると，火花放電が起こりやすくなることに気がつきました（図12-1）．これは，今日的に見れば，紫外線によって火花間隙の電極から電子がとびでるためと理解されますが，この時代には，電子という負の電荷をもった微粒子はまだ発見されていなかったのです．

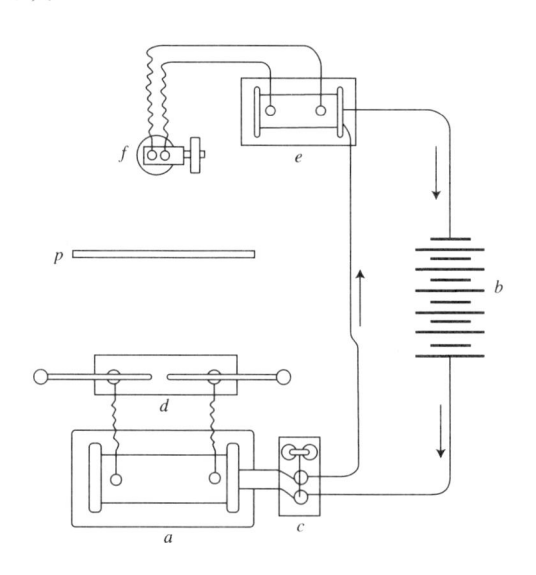

図12-1 ヘルツが光電効果を発見した実験（1887）
誘導装置eの近くに別の誘導装置aをおいて，両者を同時に放電させると，誘導装置の火花がずっと長くなった．誘導装置eの火花をとばさずに，マグネシウム光や石灰光を誘導装置aに照射しても，aの火花は長くなった．この光は，スペクトル分析の結果，紫外線であることが確かめられた．

ヘルツがこの発見を報ずるや，多くの人々の注目するところとなり，いっせいにこの現象に関する研究がおこなわれました．

　翌1888年には，ヴィーデマンとエーベルトは，負の電極のみがこの現象を引き起こすことを見い出しました．ハルバックスは，同年，負電気を帯電した金属に紫外線を照射すると，負電気がなくなることを見い出しています．

　つづいて，1889年エルステルとガイテルは，ナトリウム，カリウム，ルビジウムなどの金属は，可視光線でも同様な現象を起こすことを確かめています．1890年ストレトフは，光電効果によって，初めて連続的な電流を得ることに成功し，1892年には紫外線を照射してから，この電流が流れるまでの時間の遅れを測定し，この遅れは10^{-3}s以下であることを確かめています．

　この初期の研究において，紫外線を照射された金属の表面における酸化によって説明するハルバックスの説（酸化説）なども出ましたが，紫外線による気体の分解，つまりイオン化によって説明するアレニウスらの説（イオン化説）のほうが有力でした．

　このようにして，光電効果の発見は，気体放電の研究をより推進していく原動力となりました．

3．レナートの研究[2]

　光電効果の現象に注目し，第2のステップへと導いたのがレナートです．

　まずレナートは，1899年陰極の金属に光を照射すると，放電が起こりやすくなるのは，陰極からの負の電荷をもった微粒子（電子）がとびでるからであることを明らかにしました．

　1897年J. J. トムソンは，気体放電で得られる陰極線は，負の電荷をもった微粒子であることを，電場・磁場中での陰極線の屈曲実験により明らかにし，微粒子がもつ電荷eと質量mの比，つまり比電荷e/mの値を測定しました（$e/m = 1.17 \times 10^7$emu/g）．彼は，この値が陰極の金属の種類，管内気体の種類によらないことから，この微粒子をすべての物質に共通に含まれる普遍的微粒子であるとしました．

　レナートもまた，光を照射した陰極から何かの微粒子がとびでていると考えて，

J. J. トムソンと同様に，電場・磁場中での屈曲実験をおこないました（図12-2）.

その結果得られた比電荷 e/m の値は，J. J. トムソンの測定値とよく一致したのです（$e/m = 1.16 \times 10^7$ emu/g）. こうして，J. J. トムソンのいう微粒子，いわゆる電子がとびでていることが明らかとなったのです.

また，1902年には，詳細な研究をおこない，光の照射によってとびでた電子の最大運動エネルギー K_0 は，照射光の強さには無関係であって，照射光の振動数 ν で決まること，とびでた電子の数は照射光の強さに比例することなどを明らかにしました.

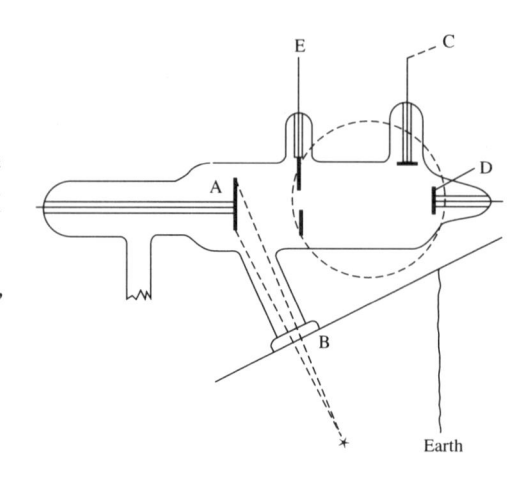

図12-2 光電効果により陰極からとびでた微粒子が電子であることを確かめたレナートの実験（1899）
石英の窓 B よりアルミニウム陰極 A に紫外線を照射すると，A より電子がとびだす. この電子は，AE 間の加速電圧 V によってさらに加速され，そのまま陽極 D にとどく. ED 間に磁場 H をかけると，電子は円軌道を描いて屈曲して別の陽極 C にとどく. この屈曲の程度から，電子の比電荷 e/m が求められた（$e/m=1.16\times10^7$ emu/g）. この値は，トムソンが求めた陰極線微粒子の比電荷 e/m に一致した.

4. アインシュタインの光量子説

アインシュタインは，1905年の論文[3]の冒頭で，これまでの光の波動説を評価したうえで，次のように述べています.

　　黒体輻射，光ルミネセンス，紫外線による陰極線発生，そのほか光の発生や変脱に関連する一群の現象についての所見は，光のエネルギーが不連続的に空間へ配分されているという仮定によってこそ，より正しく解釈されるように見える. これは筆者にとっていまや実感である.

第12章 光で電子をたたきだす

そして，さらに次のように続けています．

　照射光がエネルギー量子で構成されているとする見解をとれば，光による陰極線の発生は次のように解釈される．
　物体の表面層にエネルギー量子が入りこみ，そのエネルギーが少なくとも部分的には電子の運動エネルギーに変わる．もっとも簡単な描像は，ひとつの光量子がその全エネルギーをただひとつの電子に与えるとするものである．
　このことが起こると仮定しよう．もっとも，電子が光量子のエネルギーを部分的にのみ受け取るということもあり得るはずである．物体内部で運動エネルギーをもっている電子は，表面に達したとき，その運動エネルギーの一部を失ってしまっていることになろう．そのほか，物体を離れようとしている電子おのおのがその物体を離れるときに仕事 P をするはずだと考えるべきであろう．

こうして，アインシュタインはとびだした電子の最大運動エネルギー K_0 は $(R\beta/N)\nu - P$ で与えられるものとして，
$$\Pi\varepsilon = (R/N)\beta\nu - P \tag{2}$$
という式を与えています．ここで，Π は陰極からとびでた電子を陽極に到達させなくさせる逆電圧，ε は電子の電荷であって，K_0 は $\Pi\varepsilon$ で測定されます．また，R, N, β はある定数を表わしています．この式を今日的に書けば，$\Pi = V$, $\varepsilon = e$ であって，
$$eV = h\nu - W \tag{3}$$
であることはいうまでもありません．$(R/N)\beta$ が h に対応しますが，まだこのころにはプランク定数を h で記述することが一般化していなかったのです．
　このあと，アインシュタインは光を照射された金属の電位を計算し，この結果がレナートの実験結果と一致することを明らかにし，次のように述べています．

　導き出された公式が正しいとすると，照射光の振動数の関数として Π をデカルト座標上に示せば，直線になるはずであり，その傾きは，対象として物

質の性質とは無関係である．

アインシュタインが予期したこの実験は，多くの人々によって試みられましたが，きちんとした検証実験がおこなわれるまでにはなお 10 年の歳月を必要としました．1916 年になってミリカンは，アインシュタインの式を検証するとともに，プランク定数 h の精密な値をも算出することに成功したのです [4]（$h=6.57\times 10^{-27}$erg・s，図 12-3）．

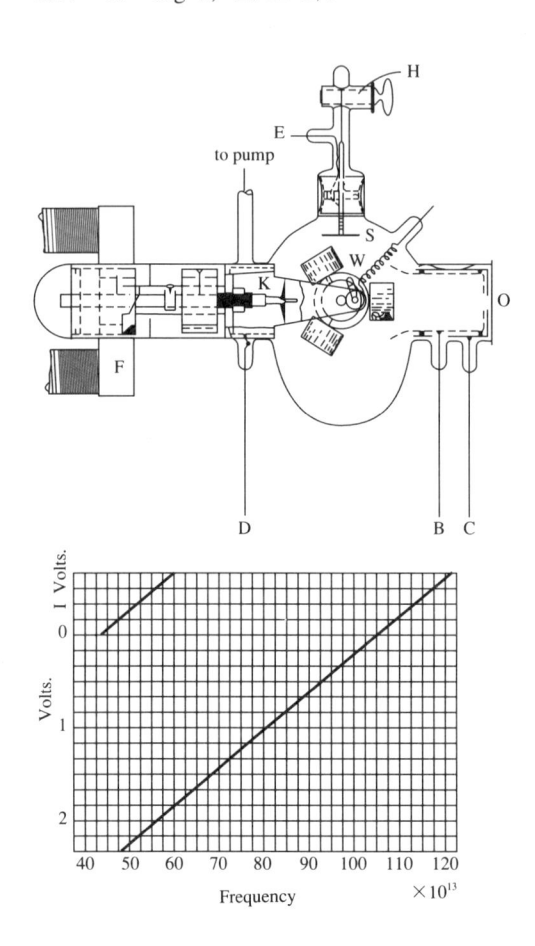

図 12-3 アインシュタインの式を検証したミリカンの実験（1916）中心部の車輪 W には 3 種のアルカリ金属（ナトリウム，カリウム，リチウム）の試料が取りつけられている．管の外の電磁石 F のはたらきで作動する小刃 K によって，各金属の表面を削りとってきれいにする．この表面に，小窓 O より単色光を照射する．このとき，金属表面からとびでた電子が反対側の金網の管（陽極）に達するのをちょうど止めてしまうように負電位 V をかけ，このときの V の値を読みとる．照射する光の振動数 ν をいろいろ変えて実験をくり返し，その都度 V の値を読みとる．V と ν の関係をグラフに表わすと，結果は直線となり，アインシュタインの式が確かめられた．また

$$V=\frac{h}{e}\nu-\frac{P}{e}$$

となるから，直線の傾きが h/e を与える．ミリカンは，自ら測定した e の値を使って $h=6.57\times 10^{-27}$ erg・s を得た．

5. ゾンマーフェルトの共鳴理論

アインシュタインの光量子説は，突拍子もない考えであって，しかも実験的基礎もまだ確立されていなく，これをそのまま受け入れる研究者はいませんでした．光の干渉や回折の現象を説明するには，どうしても波動説を捨てるわけにはいかなかったのです．

すでに古典電磁場の理論は，マクスウェルによって完成されており，これにいたずらに粒子説を導入するよりも，整合性に満ちた波動説の立場をとろうとするのが大方の傾向でした．

そのような中で，とびでた電子の最大運動エネルギー K_0 が照射光の強さに関係しないことは，照射光はただ単に電子をとびださせるための引金の役割をしているにすぎないという説（誘発説）が出されました．つまり，電子のエネルギーは照射光のエネルギーではなく，金属内の熱運動のエネルギーが移り変わったものと考えられました．しかし，この説では，照射光の振動数の影響については説明できませんし，もしこれが正しいならば，光電効果は金属の温度に強く依存するはずですが，実際はそうではなかったのです．

誘発説にかわって，共鳴理論，なかでもプランク定数 h を導入した共鳴理論が，ゾンマーフェルトらによって出されました（1911）．光量子をめぐって多々論議された第1回ソルベイ会議（1912）においても，ゾンマーフェルトは本理論[5]を展開しています．それを簡単に要約してみます．

電子は，原子から変位 x に比例する弾性力 $-kx$ を受けて振動をおこなっているとします．k は比例定数です．いま，照射光の強さを E，角振動数を ω として，

$$E = E_0 \cos \omega t$$

で表わしますと，照射光による外力を $+x$ の向きにとって，電子の運動方程式は

$$m \frac{d^2 x}{dt^2} = eE_0 \cos \omega t - kx \tag{4}$$

と書けます．ここで，m は電子の質量，e は電子の電荷で，さらに，

$$\omega_0 = \sqrt{\frac{k}{m}} \tag{5}$$

とおけば，上式は，

$$\frac{d^2 x}{dt^2} + \omega_0^2 x = \frac{eE_0}{m} \cos \omega t \tag{6}$$

と変形できます．

　光を照射しないときには，右辺は 0 であって，電子は一定の角振動数 ω_0 で振動していることになります．

　ここで，プランク定数 h の意味を単位から考えてみますと，その単位は $[\text{J} \cdot \text{s}]$ ですから，ある作用量を表わしています．一方古典力学におけるハミルトンの原理に現れる $\int L dt$ も作用量を表わしています．ここで，L はラグランジェ関数で，運動エネルギーを K，ポテンシャルエネルギーを U としたとき，$L = K - U$ を表わすものです．

　そこで，ゾンマーフェルトは，原子内の電子が照射光と共鳴し，$\omega = \omega_0$ となって

$$\int_0^\tau L dt = \frac{h}{2\pi} \tag{7}$$

の条件を満足したとき，電子は金属からとびでてくるという仮説をおきました．τ は，共鳴が起こり，電子の振幅がいっきに大きくなり，ついに電子がとびでるまでの時間，いわゆる作用時間を表わしています．右辺に $1/2\pi$ の係数がついていることについては，この係数以外には任意性はないとしています．

　あとは，条件式 (7) を組み込んだ式 (6) の解を求める問題に帰着します．

$$K = \frac{1}{2} m \left(\frac{dx}{dt} \right)^2, \quad U = \frac{1}{2} k x^2 \tag{8}$$

ですから，式 (7) の左辺に式 (8) を代入して部分積分で計算をおこない，かつ，式 (6) を考慮に入れますと，式 (7) の左辺は，

$$\frac{1}{2} m x \frac{dx}{dt} - \frac{e}{2} \int_0^\tau x E_0 \cos \omega_0 t \, dt \tag{9}$$

となります．

　さらに，時刻 τ における電子の運動エネルギーを K_0 とおけば，式 (9) の第 1 項は K_0 / ω_0 に等しくなります．したがって，式 (9) を，条件式 (7) にしたがって $h/2\pi$ に等しいとおき，さらに $\omega_0 = 2\pi \nu_0$ でおきかえますと，

$$K_0 = h\nu_0 + \frac{e\omega_0}{2}\int_0^\tau xE_0\cos\omega_0 dt \tag{10}$$

となります．

　ここで，共鳴が起こったとき，つまり $\omega = \omega_0$ ($\nu = \nu_0$) のときを考えてみます．式 (4) の解は $t=0$ のとき，$x=0$, $\dfrac{dx}{dt}=0$ という条件のもとで

$$x = \frac{eE_0}{2m\omega} t \sin\omega t \tag{11}$$

となります．これを式 (10) の右辺に代入してさらに計算し，時刻 τ のもとで考えてみると，この項は第1項に比べてはるかに小さいという結果が出てきます．

　したがって，式 (10) は，

$$K_0 = h\nu_0 \, (= h\nu) \tag{12}$$

となります．なお，作用時間 τ および電子がとびでる際の最大変位 x_0 もそれぞれ，

$$\tau = \sqrt{\frac{16\,mh\nu}{eE_0}} \,, \quad x_0 = \sqrt{\frac{h}{m\omega\pi}} \tag{13}$$

と求められます．

　ここにおいて，ゾンマーフェルトは次のように述べています．

　　とびでる電子のエネルギーは，照射光の強さとは無関係であり，その振動数によって普遍的な仕方で決定される．さらに，この変位も振動数によって普遍的な仕方で決定され，強さにはよらない．

　彼もまた，アインシュタイン同様，光を照射された金属の電位を計算し，この結果がライトの実験 (1911) とよく一致すると述べています．

　共鳴の考え方を基礎においているものの，とびでた電子の最大運動エネルギー K_0 が，照射光の振動数 ν に比例するという結果が出てくることには驚かされます（式 (12)）．しかしながら，本式には仕事関数 W が入っていないのです．限界振動数 ν_0 の存在がはっきりしてくるのは，1912年のヒューズらの実験を通してであり，ゾンマーフェルトの段階では必ずしも明確ではなかったのです．ν_0 の存在がはっきりしてくれば，当然 W も問題になってきます．

1915年わが国の石原純は,ゾンマーフェルトの仮説を基礎におきながら,仕事関数 W が出てくるように理論的基礎を修正しています[6]. 彼が基礎においた量子仮説は,

$$nh = 2\int_0^\theta K d\tau \qquad (14)$$

でした. ここで, K は電子の運動エネルギー, θ は考えている運動の周期, n は定数を表しています. この仮設の下で式 (6) を解くと

$$K_0 + U = nh\nu \qquad (15)$$

という結果が出てきます.

U はポテンシャルエネルギーで, $n = 1$ のときには, アインシュタインの式 (3) に一致します. 石原は, U を仕事関数と考えたのであろうか, 論文末尾で次のように述べています.

> ゾンマーフェルトの場合には, いったいポテンシャルエネルギー U はどこに存在するのかという問いに答えるのに, どうしても困難がともなう. この点に, 私はわれわれの理論がゾンマーフェルトのよりも優れているという根拠を認めたい.

6. 諸家の立場とその後[7~11]

アインシュタインが光量子説 (1905) を発表してから, 10年が経過した 1915年においても, 波動説に立脚した共鳴理論によって光電効果を説明しようとする努力がなされていた事実が示すように, 決して光量子説は支持されてはいなかったのです. 当時の著名な科学者たちはみな, 共鳴理論を支持する側に立ったといってよいでしょう.

ローレンツもその一人で, 1910年10月のゲッチンゲンの講義で, アインシュタインの光電効果の式が実験的に正しいと認めながらも, 干渉や回折の現象の説明が困難であるとの理由から, 光量子説には否定的でした. 彼は, マクスウェルの理論を修正するよりも, いまだはっきりしない原子構造がわかれば, そちらのほうから光電効果の説明ができるであろうと考えていました. 電子の

第12章 光で電子をたたきだす

発見者 J. J. トムソンも同意見でした．プランクやボーアのような人でさえ，光量子説に対しては批判するだけでした．

ミリカンといえば，1916年アインシュタインの式を実験的に検証し，プランク定数の精密な値を求めたことで高く評価されていますが，その物理学的解釈である光量子の存在については，懐疑的意見をもっていました．主著『エレクトロン』[11]（1917）で，次のように述べています．

> アインシュタインの式の見かけ上完全な成功にもかかわらず，これによって記号的に表現しようと意図された物理的理論は，いままでのところすでに確定された全体の諸事実とあいいれないため，現代の物理学者の大部分は，これを実体化しようとする企てを放棄してしまった．……実験が理論を追いぬいてしまったというよりは，実験がこれまで実体化しえなかった理論に導かれて，もっとも興味あり重要であると思われる関係を発見したというほうがよいかもしれない．
>
> とにかく，この関係に対する物理的理由は，いまだ少しもわかっていないのである．

光量子説がまともにとりあげられるようになるのは，1920年代の X 線の正体をめぐる論争からでした．X 線は，初め波長の短い電磁波と考えられていましたが，X 線による気体の電離が局所的にしか起こらないことがわかり，1905年ころにはエネルギーが局在したパルスと考えられていました．

一方，ブラッグの干渉実験（1912）から，X 線はふたたび波動と考えられるようになりましたが，いわゆるコンプトン効果（1923）の現象を理解するには，アインシュタインの光量子説を X 線に適用せざるを得ませんでした．

また，X 線による光電効果の実験も多くの人々によっておこなわれました．このころまでは，可視光，あるいは紫外線と X 線とはまったく別のものとみなされていましたが，同一のものとみなされるにいたったのです．X 線の粒子性が明らかになるにつれて，それと本質が同じ光が粒子性をもつと考えるのは自然なことでした．

光電効果の実験もなお詳細におこなわれましたが，共鳴理論でこれを統一的

に説明するには限界がありました．それに対して，光量子説ならばその仮説こそ一見奇妙でしたが，これを乗り越えたならば，より単純な描像ですっきりと理解ができたのです．人々は，アインシュタインの光量子説に立って，光電効果を理解しました．しかし，光と物質の二重性を統一的に理解するためには，量子力学の完成という，最後の山に向かわなければならなかったのです．

最後に，光電効果をめぐる研究史を表にまとめておきます（**表 12-1**）．

表 12-1 光電効果の研究史

年代	研究者	実　　験	理　論（解釈）
1887	ヘルツ	電気回路の火花間隙に紫外線を照射すると，放電が起こりやすくなる	
1887	アレニウス		〔イオン化説〕紫外線による気体の分解によって起こる
1888	ヴィーデマンエーベルト	負の電極のみがこの現象を起こす	
1888	ハルバックス	金属に負の電気を帯電させ，紫外線を照射すると負の電気がなくなる	〔酸化説〕紫外線を照射された金属表面での酸化によって起こる
1889	エルステルガイテル	Na, K, Rb などは可視光線でも同様な効果が起こる	
1890	ストレトフ	光電効果によってはじめて連続的な電流を得る	
1892	ストレトフ	光電子がとびでるまでの時間を測定する．$\tau = 10^{-3}$ s 以下であることを示す	
1899	レナート	金属から電子がとびでることを e/m の測定から明らかにする	〔電子放出説〕金属から電子がとびだして起こる
1902	レナート	電子の最大エネルギーは照射光の強さには無関係であって，振動数 ν で決まる．とびでる電子の数は照射光の強さに比例する	〔誘発説〕原子に入射した電磁場が原子の崩壊を誘発して電子をとびださせる
1905	アインシュタイン		〔光量子説〕振動数 ν の電磁波は $h\nu$ のエネルギーをもつ光子の流れである $(K_0 = h\nu - W)$
1907	ラーデンブルグ	光電子の最大エネルギー K_0 と照射光の振動数 ν の関係を研究 $K_0 \propto \nu^2$	

第 12 章 光で電子をたたきだす

1907	ヨッフェ	同上 $K_0 \propto \nu$	
1911	ゾンマーフェルト		〔共鳴説〕作用量 $\int_0^\tau L dt$ が $\frac{h}{2\pi}$ になったとき電子がとびでるという仮説にもとづいて説明
1912	ヒューズ, リチャードソン, コンプトン	$K_0 \propto \nu$ とし,限界振動数 ν_0 を発見 光電子数は照射光の強さに比例	
1913	エルステル, ガイテル		
1915	イシハラ		〔共鳴説〕ゾンマーフェルトの仮説を修正
1916	ミリカン	アインシュタインの式を実験的に検証 プランク定数 h の精密値を求める	
1928	ローレンス, ビーム	光電子がとびでるまでの時間を精密測定 $\tau = 3 \times 10^{-9}$ s 以下であることを示す	

――――文　献――――

1) 宮下晋吉:「J. J. トムソン電子の発見」,実験でつづる電気の本性の研究史17『化学の実験』Vol.28, No.12, 74-81（1977）.
2) J. J. Thomson and G. P. Thomson : *Conduction of Electricity through Gases*, Vol.1, 1928 (Dover, 1969) pp. 248-250.
3) アインシュタイン:「光の発生と変脱とに関するひとつの発見法的観点について」,高田誠二訳『物理学古典論文叢書2』（東海大学出版会, 1969）pp.3-20.
4) R. A. Millikan :"A Direct Photoelectric Determination of Planck's <h>", *Phys. Rev.*, 7, 355-388（1916）.
5) ゾンマーフェルト:「非周期分子現象への作用素量の理論の適用」,小川和成訳『物理科学の古典8』（東海大学出版会, 1970）pp.298-373.
6) 石原　純:「作用量子の普遍的意味」,『物理学古典論文叢書3』（東海大学出版会, 1970）pp.11-23.
7) ド・ブロイ著,村井敬造訳『新物理学と量子』（白水社, 1951）.
8) 今野宏之:「Bohrと光量子」,『別府大学一般教養論集』No.10. 1-16（1989）.
9) 山本義隆編訳『ニールス・ボーア論文集1・2』（岩波文庫, 1999）.
10) 西尾成子編『アインシュタイン研究』（中央公論社, 1977）pp.268-311.
11) ミリカン著,太田三郎・石田田人訳『エレクトロン』（彰國社, 1950）p.189.

付　章
自然科学の古典をどこに求めるか

1. 科学史と科学の古典

　科学史の小径をぶらり散歩していると，あちらこちらに歴史に名を残した人物に出会います．重要な実験をおこなった人，新しい法則や理論を打ち立てた人などさまざまですが，その内容を具体的に知ろうとすると，どうしてもそれらの人物が書いた論文や著作，いわゆる古典といわれる論文や著作が大切になってきます．

　古典をじかに読み，その内容をじっくりと理解することは単に大切というだけでなく，実際は楽しいことなのです．新しい科学が誕生する現場に立ち会うことで臨場感すら感じます．

　もちろん，科学の古典を原語で読めれば一番よいのですが，何もかもとなると実際は無理というものでしょう．日本語に訳されたものがあれば，それでも楽しめます．

　これまで，科学の古典の日本語訳は一部の著名なものに限られていましたが，近年その状況は大きく変わりつつあります．

　ここに，科学の古典の翻訳書としてどのようなものが刊行されているのか，物理科学分野を中心に見てみます．合わせて，欧語の原典そのものやその英語版などの刊行についても，主なものをあげてみます．

2. 科学古典叢書から

　科学の古典を単行本として1冊だけ出すのではなく，シリーズものの叢書として出す試みは，これまでにいくつもあります．たとえば，
　①科学名著集　東北帝国大学編　全9巻（丸善，1913～1920）．
　②科学古典叢書（大日本出版，1943～1946）．
　③自然科学古典講座（霞ヶ関書房，1947）．
　④科学古典双書（季節社，1978～　）．
　⑤科学の名著　全50巻予定（朝日出版社，1980～　）．
などです．①は，わが国で刊行されたもっとも古い古典叢書といえるものです．1913年から1920年までの間に刊行された物理学の古典の集成です．収められた古典は，ガウスの『ポテンシャル論』，『地磁気論』，そして『幾何光学論文集』，グリーンの『電気学及び磁気学における解析数学の応用に関する論文』，ヘルツの『電波に関する論文集』，ラグランジェの『解析力学』などで，今日でも日本語で読もうとすると本叢書に頼らざるをえないものが収められています．ただ，訳文が文語調であるのが欠点です．
　②は，戦中期に刊行され始めた古典叢書で，第1巻の中に折り込まれた栞によると，自然科学全般のたくさんの古典が刊行予定としてあげられています．しかし，戦中，戦後の混乱の時代にあって，わずかに7冊出ただけで，他は陽の目をみないままに終わったようです．具体的には，『熱輻射論と量子論の起原－ウィーン，プランク論文集』，メンデルの『植物雑種の研究』，ウォーレスの『ダーウィニズム』，『触媒と酵素』，『種痘法の発見』，プリーストリの『酸素の発見』，そして『物質と電気－デーヴィ論文集』の7冊が刊行されています．
　③も，②を引き継ぐ形で刊行が計画されましたが，ダーウィンの『種の起源』とベルナールの『実験医学研究』が出ただけで挫折してしまったようです．
　④は，表紙にはっきりとは銘うってはいませんが，奥付には，科学古典双書と記されています．全体の刊行予定は記されていませんが，ギルバートの『磁石論』とフックの『ミクログラフィア』が出ただけで，休刊状態がつづいています．

付章　自然科学の古典をどこに求めるか

　⑤は，わが国初の本格的な古典叢書といえるものです．これまで名前のみ知られ日本語訳のなかった科学の古典を原則として全訳して刊行しようとするものです．現在までに，第 I 期 10 巻，第 II 期 10 巻，計 20 巻が完結していますが，まだ 30 巻が残されています．配本開始は，1980 年で，第 I 期が完結して第 II 期が開始されるまでの間に 6 年間の空白があり，第 II 期が完結したのは 1989 年のことでした．以来 10 余年が過ぎましたが，まだ第 III 期の刊行は始まっていません．既刊の 20 巻のうち物理分野で興味深いのは，『光についての論考』などが収められた『ホイヘンスの論文集』，デカルトの『哲学原理』（これまでの日本語訳では第 4 部が省略されていた），19 世紀の熱学関係の 19 篇の古典論文が収められた『近代熱学論集』などです．第 III 期の刊行予定について，版元に問い合わせてみると，全く目処が立たないという返事がかえってきました．翻訳者の苦労もさることながら，このような地味な出版物を支援していく社会を作っていく必要を感じます．②や③で果たせなかったこの企画を何としても達成してほしいものです．

　次に，個別分野の古典叢書も，1960 年後半から次々と刊行されています．物理分野では，

　　⑥物理学古典論文叢書　全 12 巻　物理学史研究刊行会編（東海大学出版会，1969～1971）．

　　⑦物理科学の古典　全 10 巻　辻哲夫責任編集（東海大学出版会，1973～）．

があります．いずれも，19 世紀後半から 20 世紀にかけての古典的論文や著作を訳出したものです．⑦も，刊行開始以来，30 年になろうとするのに，まだ 4 巻が未刊のままとなっています．刊行された 6 巻は，ヘルツの『力学原理』，マッハの『熱学の諸原理』，ローレンツの『電子論』，プランクの『熱輻射論』，『輻射の理論と量子　第 1 回ソルベイ会議報告』，そしてワイルの『空間・時間・物質』などです．

　化学分野では，

　　⑧化学の原典　全 18 巻　日本化学会編（学会出版センター，1974～1988）．

　　⑨古典化学シリーズ　全 12 巻（内田老鶴圃新社，1973～1992）．

があります．⑨は 20 年かかってやっと完結しています．収録されている古典は，ベルトゥロの『錬金術の起源』，シュタールの『合理と実験の化学』，ボイ

ルの『化学者はまどう』，ラボアジェの『化学のはじめ』，『物理と化学』，『化学命名法』，ドルトンの『化学の新体系』，ベルセリウスの『化学の教科書』，メンデレーエフの『化学の原論』，ファラデーの『電気実験』，リービッヒの『動物化学』，そしてファント・ホッフの『立体化学』などです．

なお，生物や地学の分野においては，このようなまとまった古典叢書は出ていません．

3. 科学古典論文集から

規模は大きくないが，重要な古典論文や著作を全訳あるいは抄訳し，論文集としてまとめたものもいくつか出ています．全体的なものとしては，

⑩原典による自然科学の歩み（講談社，1974）．

⑪科学者のなしとげたこと　全4巻　マッケンジー著（共立出版，1974）．

⑫科学の歴史　全2巻　シュワルツ，ビショップ編（河出書房，1962）．

⑬原典科学史　常石敬一・慶政直彦編（朝倉書店，1987）．

⑭科学史へのいざない－科学革命期の原典を読む　大野　誠編著（南窓社，1992）．

などがあります．個別分野では，

⑮物理学文献抄　全2巻　物理学輪講会同人編（岩波書店，1927・1928）．

⑯近代科学の源流　物理学篇　全4巻　大野陽朗編（北海道大学図書刊行会，1974～1979）．

⑰原子論・分子論の原典　全3巻　化学史学会編（学会出版センター，1989～1993）．

⑱微生物学の一里塚　藤野恒三郎監訳（近代出版，1985）．

などがあります．

このうち⑯は，主として19世紀以前の古典論文が収められています．⑥と⑮につなげると，物理科学分野の主な古典論文は拾えます．

また，学習の際に副読本として使える手軽な一冊本もいくつか出ています．⑬や⑭が大学向であるのに対して，高校向けのものとして，

⑲高校物理原典資料集　西條敏美編（私家本，1988）．

⑳見えずとも見えてきた－原典から学ぶ化学の本質　丸石照機著（新生出版，1989）．

などがあります．

4．一般の全集・文庫から

　一般の全集，とくに思想全集には科学の古典が多数収められているので，見逃すことができません．著名なものとして，たとえば，

　㉑世界大思想全集（春秋社，1928～完結）．
　㉒世界大思想全集（河出書房，1954～1963）．
　㉓世界の名著　全81巻（中央公論社，1966～完結）．
　㉔人類の知的遺産　全80巻（講談社，1978～完結）．
　㉕西洋古典叢書　全177巻（京都大学学術出版会，1997～　）．

があります．㉑の第6巻として1930年に刊行されたニュートンの『プリンキピア』は，わが国初の全訳として長きにわたって利用されてきました．このときの訳は，英語訳からの日本語訳でしたが，その後ラテン語原典からの直接訳が㉓の第26巻として，1971年に刊行されました．『プリンキピア』の訳は，1977年講談社からも単行本が出て，現在では特色のある3種類を利用することができます．㉑には，現在他から新訳の出ていないプランクの『エネルギー恒存の原理』（第48巻），ベートスンの『メンデルの遺伝原理』（第38巻）などが収められています．

　㉒もその第31巻から第36巻までは自然科学の古典が収められています．第31巻には，ケプラーの『新しい天文学』と『世界の調和』，第34巻にはヘルムホルツの『著作集』が収められています．

　㉓の第21巻のガリレイでは，『レ・メカニケ』と『偽金鑑識官』が，第65巻，第66巻は，「現代の科学Ⅰ・Ⅱ」として，19世紀・20世紀の古典が多数収められています．第9巻は「ギリシャの科学」，続第1巻は「中国の科学」で，古代科学の論文も収められています．他にも科学思想的に重要な古典が多数つまっています．

　㉔では，古典そのものよりも解説が多くなりますが，自然科学関係では，第

31巻「ガリレオ」，第37巻「ニュートン」，第47巻「ダーウィン」，第68巻「アインシュタイン」，第80巻「現代の自然科学者」となっています.

㉕は，西洋古代の古典叢書で現在第1期15巻が完結したにすぎませんが，ガレノスの『自然の機能について』などが刊行されています．全177巻の中には，アルキメデスの『数学・科学論集』，プトレマイオスの『アルマゲスト』，マリニウスの『天文誌』，セネカの『自然研究』などが予定されていて，すでに日本語訳のあるものもありますが，期待されるところです．

数ある文庫のうちで，とくに岩波文庫においては，これまでに50余冊の科学の古典を出しています．最近出た『ニールス・ボーア論文集』全2冊をはじめ，注目されるものばかりです．他に講談社学術文庫やちくま文庫，あるいは現代教養文庫などにも科学の古典が何冊か収められています．

5. 学会誌や大学の研究紀要から

科学史関係の学会誌や大学，高校，研究機関の研究紀要にも，科学の古典の翻訳がしばしば掲載されます．これまでに発表されたひとつひとつをあげられませんが，科学史の研究誌としては，

㉖ 『科学史研究』日本科学史学会機関誌，創刊1941年，現在全219号刊．
㉗ 『物理学史研究』其刊行会，1958年刊，全39号刊行して1975年終刊．
㉘ 『物理学史』其研究会，『19世紀物理学史研究』として1986年創刊．第4号より現在の誌名に変更し，現在全13号刊．
㉙ 『物理学史ノート』其刊行会，創刊1991年，現在全7号刊．
㉚ 『化学史研究』化学史学会機関誌，創刊1974年，現在全96号刊．

などに注目していれば，物理科学の分野の古典は拾えるでしょう．

6. 欧語の科学古典叢書・論文集から

日本語に訳された科学の古典を読む場合でも，原典そのものや英語など他国語に訳されたものがあれば，ずいぶん参考となります．欧語の科学古典叢書としては，たとえば，

― 184 ―

付章　自然科学の古典をどこに求めるか

㉛ *Ostwald's Klassiker der exakten Wissenschften*, Nr. 1-246 (1899-1936).

㉜ *Collection History of Science*, Editions Culture et Civilisation.

㉝ *The Sources of Science*, edited by H. woolf (in Chief), Johnson Reprint.

などがあります．㉛は，有名な「オストワルト古典叢書」で，ダンネマンが『大自然科学史』を書くときの典拠としたものです．すべてドイツ語訳ですが，原典そのものはなかなか閲覧できないものも多数収められていますので，その価値は失われないでしょう．

㉜や㉝は，原典をそのまま復刻したものです．多少なりとも名の知られた科学の古典なら㉜，㉝から入手できます．他に，科学の古典や科学者個人の論文集を単行本として出している出版社はたくさんありますが，廉価で入手しやすいところとして，Dover 社があります．ここからは，ガリレイ，ニュートン，マクスウェルその他たくさんの科学者の古典が刊行されています．

本格的な科学の古典論文集として，ハーバードのソースブックシリーズがあります．分野ごとに英語訳にして，まとめられています．物理，化学，天文の分野としては，

㉞ *A Source Book in Physics*, edited W. F. Magie (1965).

㉟ *A Soure Book in Chemistry*, 1400-1900, edited by H. M. Leicester (1952).

㊱ *Source Book in Chemistry*, 1900-1950, edited by H. M. Leicester (1968).

㊲ *A Source Book in Astromy*, edited by H. Shapley H. E. Howarth (1929).

㊳ *Source Book in Astromy*, 1900-1950, edited by H. Shapley (1960).

があります．他に中世と古代科学ぐらいあれば，大体まにあうでしょう．

㊴ *A Source Book in Medieval Science*, edited by E. Grant (1974).

㊵ *A Source Book in Greek Science*, edited by M. R. Cohen and I. E. Drabkin (1948).

いずれも大部な本です．もう少し手軽な資料集としては，

㊶ *The Origins and Growth of Physical Science*, 2Vols, edited D. L. Hurd and J. T. Kiplimg, Penguin Books (1964).

㊷ *Great Experiments in Physics*, edited by M. H. Shamos, 1957, Dover (1987).

などもあります．㊷は，著名な歴史上の実験が発表されたときの古典論文が解

説つきで収められています．なお他に，個別テーマごとの資料集もそれぞれ刊行されています．

なお，国内で刊行された現代物理学の論文集としては，

㊸物理学論文選集　正編　全224巻，新編全85巻，新装現在12巻刊，日本物理学会編（日本物理学会，1949-1984，1953-1988，1992〜）．

があります．各巻の題名一覧は㊶の巻末に載っています．

7．科学の古典の解説書および研究手引書と年表

科学史関係の学会誌や研究紀要まで探せば，基本的な古典論文や著作は，おおむね日本語に訳されているといってよいでしょう．物理学史に限っていえば，その状況は，

㊹物理学史邦文資料目録（1）〜（3）柏木聞吉編『日本物理教育学会誌』Vol.42, No.1, 46-52 (1994)．Vol.42, No.4, 434-446 (1994)．Vol.43, No.2, 178-194 (1995)．

にまとめられています．この（3）が原典資料目録になっていて，重宝です．著者の手で合冊製本されています．㊹に関連して，科学史の年次文献目録も役立ちます．国内と国外のものとして，

㊺科学技術史関係年次文献目録（1965〜1994）石山洋他編『科学史研究』（日本科学史学会，1966〜1996）．

㊻ *Isis Current Bibliography*, edited by the History of Science Society.

があります．㊺は『科学史研究』の冬期号（原則）に30年間にわたって掲載された文献目録で，現在データベース化されています．㊻も同じく，Isisの年次文献目録です．

いくつかの科学古典解説書，たとえば，

㊼自然科学の名著　湯浅光朝編（毎日新聞社，1971）．

㊽自然科学の古典をたずねて　全2冊，田中実他編（新日本出版社，1978）．
新版は，『自然科学の名著100選』と改題．全3冊（新日本新書，1990）．

㊾自然科学と教育　柿内賢信編（講談社，1981）．

も手元においておきたいです．

付章　自然科学の古典をどこに求めるか

　なお日本語に訳されていないものや原典そのものを見たい場合には，欧語の古典叢書や古典論文集が必要になります．これらに収められていない場合でも，著名なものであれば，古い原雑誌を創刊号から揃えている大学図書館は多くなっていますから，案外見つかるものです．

　大山堂や木村書店といった古書店（いずれも東京）からは科学史専門の販売目録が出ていますので，気長に待っていると目的の書籍が出てくるかもしれません．頼んでおくと探してくれるでしょう．

　最後に，資料面からの科学史研究の手引きとしては，たとえば，

㊿科学史入門－史科へのアプローチ　ナイト原著，柏木　肇・柏木美重編著（内田老鶴圃，1984）．

㉛科学史研究入門　中山茂・石山洋著（東京大学出版会，1987）．

㉜ハウ・ツー科学史　中島秀人著『科学史・科学哲学』No.3, 45-52（1983）．

などがありますし，年表としては，

㉝解説科学文化史年表　増補版　湯浅光朝編著（中央公論社，1954）

㉞科学技術史年表　菅井準一他編（平凡社，1956）．

㉟コンサイス科学年表　湯浅光朝編著（三省堂，1988）．

㊱科学技術政策史年表　日本科学者会議編（大月書店，1981）．

㊲年表（1877～1995）－歴史のなかの物理学会－日本物理学会創立50周年記念事業実行委員会編（日本物理学会，1996.）

㊳エレクトロニクスを中心とした年代別科学技術史　第2版　城阪俊吉著（日刊工業新聞社，1984）．

㊴素粒子の理論と実験に関する年表及びその文献案内（1881～1999）福井勇著（私家版，2000）．これまで何度も増補を重ねてきた労作年表．

などがあります．いずれも手元において参照したいものです．

あとがきにかえて

学生運動から物理学史研究へ ── 山本義隆 ──

　毎年大学受験の季節がやってくると決まって思い出されるのは，あの大学紛争がピークに達した私の受験期のことである．

　昭和44年（1969）1月18・19日の両日，東大安田講堂に立て籠った全共闘学生と機動隊との間で最後の激しい闘いが繰り広げられた．動員された8,500人の機動隊は，地上からはガス弾と放水で，空からはヘリコプターによる催涙液投下で，籠城した学生のあぶり出しにかかった．学生たちは火炎瓶と投石で応戦した．この模様は，テレビで終日全国に生中継された．

　私は，このとき一受験生であった．長引く大学紛争はいつ解決するのかはっきりせず，不安であった．東大封鎖は，ぎりぎりの段階が来て機動隊により実力解除されたが，学舎の破損はあまりに大きく事務仕事にも支障をきたし，その年の東大入試はおこなわれないことが決定された．

　私もまた受験に失敗し，浪人することになった．最大の原因は自分自身の勉強不足にあったが，一方では東大入試中止の影響ですべての大学の合格最低ラインが前年に比べてスライド式に高くなったからだと，自分に言い訳をした．

　京都の予備校に行った．驚いたことには，予備校であるというのにここが受験に大切とかテクニックめいたことはどの講師もいっさい言わなかった．それぞれが思い思いに熱の入った授業をしてくれた．毎回日本の古典を読み聞かせて古典の世界の道案内をしてくれた先生，分厚い自著を片手に哲学の講義をしてくれた意味論が専門という先生，微積分を縦横に駆使して，物理学の体系を明らかにしてくれた先生………．大学紛争のことに触れ，「予備校などで勉強しているときではない，大学の自治，学問に自由のために私たちと一緒に立ち上がろう」と呼びかける先生が何人もいた．それは若い先生ばかりではなかった．大学の講義のようであったが，私にとっては学問というものがいかに面白いものか，そして同時に自分はなんと無知なのかとたびたび思い知らされた．

　大学紛争は，関西の各大学に飛び火していた．秋のある日，予備校の授業が

終わって，帰宅のため市電に乗った．あのなつかしいチンチン電車である．ところが，通行規制が敷かれていて電車は折り返し運転，乗客は京大前で突然降ろされた．降りるなり，チクリと目を刺されたような痛みが走り，ボロボロと涙が出てきた．目を開けることも，歩くこともできなかった．思わずしゃがみこんでしまった．

　その日は，京大時計台に立て籠った学生を機動隊が実力排除した日であった．その日，予備校の屋上から見ると，封鎖された時計台の上をヘリコプターが旋回して，いつもと様子が違うことはうすうす感じていた．大学から市道までかなり離れているのに，ここまで流れてきた催涙ガスに目を開けられなかったのである．

　あれからは，はや30年が経過したが，ここ数年来その時代が問いなおされている．この時代の学生運動を描いた長編ドキュメント映画『怒りをうたえ』[1]が，学生運動を知らない若者の間で，入場できないほどの話題になった．テレビでも東大紛争を問いなおす番組がいくつか放送された（たとえば「驚きももの木二十世紀－首都炎上，東大落城の戦記」[2]）．一方，学生運動にかかわったひとたちの証言『全共闘白書』（1994）[3]が出たし，機動隊を指揮した側の証言『東大落城』[4]（1993）も出た．

　このときの学生側の指導者が，東大全共闘代表の山本義隆である．

　山本義隆を当時よく知っていたわけではないが，名前だけはしばしば耳にしていた．その後学生運動が沈静化し，私も高校教員の仕事に就いて，しだいに山本義隆は，私の記憶から遠ざかっていった．

　ところが，忘れかけていた山本義隆が私の前に大きく現れたのは，それから10年ほどしてからである．

　昭和57年（1982），『重力と力学的世界』[5]という本が出た．タイトルだけでは一般読物か専門書か区別がつかなかったが，取り寄せてみると，A5判，ハードカバーで，総464ページの中身のしっかりした労作であった．巻末には，20ページにわたって500を越える欧文，和文の引用文献が掲げられている．原典は所在を確かめ入手するまでにたいへん労力がかかるのに，それを読みこなし，本文中でも単なる引用に終わることなく，著者みずからが考えぬいた跡を感じさせる著作であった．物理学史の研究書というよりは，科学史の立場に

立った物理学の研究書という感じかする著作であった．

「あとがき」によると，もともと『BASIC　数学』誌上に1年間にわたって連載したものを大幅に加筆訂正して成ったものだという．文献入手に関して「共同利用研究所と称される東京大学物性研究所に図書の閲覧を申し込んだのですが，よくわからない理由で拒否されたことは，やはり記しておきたく思います」と批判めいた言葉もあった．

奥付を見て驚いた．著者の山本義隆は，同姓同名の別人ではなくて，あの山本義隆であったのだ．全共闘運動のことには言及していないが，1941年生まれ，東大理学部物理学科卒業，同博士課程中退，素粒子論専攻，そして著書として『知性の叛乱』[6]（1969）が挙げられていたことから，明らかであった．他に訳書としては，カッシーラーの2つの哲学書，『アインシュタインの相対性理論』[7]（1976）と，『実体概念と関数概念』[8]（1977）が掲げられていた．現職や職歴はなぜか記されていなかった．

同じころ，こんなことがあった．当時勤めていた学校の生徒が微積分を使った物理の参考書で自習していた．何の参考書かと思って覗きこむと，駿台文庫の1冊で，著者は山本義隆であった．「おお，山本義隆か」と思わず口走ってしまったが，生徒にとっては，受験参考書のどうでもよい一著者にしかすぎなかった．

まもなく（1987），山本義隆は，第2作を出した．『熱学思想の史的展開』[9]と題し，前者と同じ手法で熱学の起源とその発展を歴史的見地から解き明かしたものである．ページ数も前書を上まわって594ページもあった．本著では，奥付に「駿台予備学校勤務」とあり；文献入手に関しても，今度は次のように記していた．

「文献の何割かは国立国会図書館と大阪府立中之島図書館の住友文庫に負っている．学習院大学理学部の理論物理研究室で西田文庫を利用させていただいたのもおおいに役立った．それ以上の文献捜しには相変わらず苦労したが，『重力……』の時とちがい，いくつかの大学の職員や学生諸君を始めとして多くの方々に協力していただき，大変助けられた」．

いろいろな言語の文献が出てくるが，「苦手なフランス語の文献を読むため

に，勤めている予備校のフランス語講座を教え子の学生諸君に交じって受講したのも楽しい思い出である」とある．予備校とはいえ同僚教員の授業を学生に交じって受講するなどということは，なかなかできないことであろう．

2冊の科学史的大著を世に問うた後も，同様の手法で著した労作『古典力学の形成』[10]（1997）やカッシラーの3つ目の訳書『現代物理学における決定論と非決定論』[11]（1994）さらには『ニールス・ボーアの論文集』[12]全2冊（1999・2000）の翻訳書などを刊行しつづける山本義隆の心の軌跡はどのようなものがあったのだろうか．科学史を少しでも研究している人なら，日本科学史学会とか日本物理学会の物理学史分科会で研究発表するのが普通で，誰がどのような研究をしているかは大体わかる．山本義隆は当時これらの学会に入会することもなく，突如として，『重力と力学的世界』という大著が出てきたので，私には驚きであった．

山本義隆の原点は，やはり全共闘運動にあろう．28歳のとき世に問うた最初の著作『知性の叛乱』（1969）こそ原点である．何年か前に，ある古書店に1冊残っていたので，私も購入した．

本書は，『朝日ジャーナル』，『中央公論』，『情況』などに発表した論考を柱として，1969年2月21日の「日比谷公会堂労学市民連帯集会」での山本の演説も収められている．

どの論考にも，山本義隆が社会と学問と，そして自分自身を徹底的に問いつめた「知性の叛乱」の論理が自分自身の言葉で展開されていて，いま読んでも新鮮である．「攻撃的知性の復権」（1969，2，10 記）では，次のように書いている．

「ぼくは思う．いま東大に存在理由があるのは，それが「解体」の対象としてのみである．……しかし，一体何を第一に解体するのかと問われれば，少々とまどった後，うまく言えないが九年間東大で学ぶ間にぼく自身がいつのまにか身につけた属性や思考様式やさまざまなもの，つまりぼく自身ではないかと答えざるを得ない．その先に，今後さらに続く闘争の中でぼく自身の社会と学問と，何よりも闘争そのものへの新しいかかわり方ができるであろう」．

「ぼくたちの闘いにとって，より重要なことは政治的考慮よりも戦いを貫く思想の原点である．もちろん，ぼくたちはマスコミの言うように「玉砕」などはしない．一人になってもやはり研究者たろうとする．ぼくも自己否定に自己否定を重ねて最後にただの人間－自覚した人間になって，その後あらためてやはり一物理学徒として生きてゆきたいと思う」．

山本義隆が提起した問題は，1970年代に入るやたちまち，公害や環境破壊の問題となって現れた．医学部問題も解決されたわけではない．「東大病院こそは，とりわけ医療の改編を通じて厚生省と製薬資本と結びつき患者からは収奪し同時に看護婦をはじめ全ての医療労働者をしめつけているのだ．ベッド数を増やしても看護婦の定員はかわらず患者は高い薬を買わされ，その上に立って教授はうまい汁をすう」などという一文を読むと昨今の医療汚職のニュースが思い出される．

山本義隆は，官憲に追われ地下にもぐった．その後のいきさつを私は知らない．しかし，科学史研究へと向かったのは，自然なことと思えてくる．

あの時代，科学史が一つのブームとなった．学問そのものの意味を問い返したり，公害や環境破壊をもたらした科学や技術の本質を理解するのに，科学史が注目をあびた．全国の各大学に一般教養の科学史の科目がおかれるようになったし，大学院にはじめて科学史の専門課程がおかれたのは，皮肉にも1970年東大においてであった．

山本義隆もまたみずから選んだ物理学の歴史的研究の道を歩むことになる．そして，これなら大規模な実験装置はいらない．「一人になっても」できる研究である．

山本義隆はマスコミの取材には一切応じず，『全共闘白書』などにも彼の名は出てこない．彼は，沈黙をまもりひたすら学究の道を歩んでいるようである．

―― 注 ――
1) 宮島義勇監督，上映時間8時間．
2) 1993年5月21日，テレビ朝日系放送．他にたとえば，1994年9月1日フジテレビ系放送「映像列島94，25年目の全共闘」，1995年9月2日NHK

テレビ放送「東大全共闘－戦後50年その時日本は⑥」などがある．

3) 全共闘白書編集委員会編『全共闘白書』（新潮社，1994）．
4) 佐々淳行著『東大落城』（文芸春秋社，1993．のち文春文庫，1996）．
5) 山本義隆著『重力と力学的世界』（現代数学社，1981）．
6) 山本義隆著『知性の叛乱』（前衛社，1969）．
7) カッシラー著，山本義隆訳『アインシュタインの相対性理論』（河出書房新社，1976）．
8) カッシラー著，山本義隆訳『実体概念と関数概念』（みすず書房，1977）．
9) 山本義隆著『熱学思想の史的展開』（現代数学社，1987）．
10) 山本義隆著『古典力学の形成』（日本評論社，1997）．
11) カッシラー著，山本義隆訳『現代物理学における決定論と非決定論』（学術書房，1994）．
12) 山本義隆編訳『ニールス・ボーア論文集』全2巻（岩波文庫，1992・2000）．第1巻が「因果性と相補性」，第2巻が「量子力学の誕生」の主題のもとに，全体で34篇の論文が訳出されている．

ある若き科学史家の死 ——広重 徹——

　昭和50年（1975）1月7日，一人の若き科学史家が胃癌のため亡くなった．その人の名は広重徹，享年46歳．
　おそらく，新聞にも死亡記事が載ったであろうが，私が彼の死を知ったのは，2，3ヶ月もしてから，日本科学史学会の情報誌『科学史通信』の記事を通してであった．その記事に目が釘づけとなり，衝撃をおさえることができなかった．「人生において会いたい人に会えるというほどの喜びはない」といわれるが，私もまた広重徹という人がどんな方か一度お会いしたいと内心では思っていた．当時，広重徹は，科学史の専門誌『科学史研究』に毎号のように論文を発表し，また学会でもつねに口頭発表をしていたから，学会に参加すれば，フロアーからでもどんな方か垣間みることができたはずである．しかし，私はまだ学生であった．研究室単位で，物理学会や電気学会の大会には参加したことがあるが，個人で科学史学会に参加する思い入れと勇気はなかった．広重徹の謦咳に触れることなく，こんなにもはやく，彼は別の世界へと旅立っていったのだ．今年（2000）で，没後25年を数える．

　広重徹は，科学史を真の学問として日本の学界に確立するべく精魂を傾けた．それまでにも科学史の研究者はいたが，科学史は発明発見物語か何かで，定年退官した名誉教授が手なぐさみにやるものと思われるふしがあった．大学に科学史の専任ポストは少なかったので，定年退官してからやるか，他のポストに籍を置き，副研究として片手間にやるしかなかった．また，科学者仲間からは，科学史など研究していったい何の役に立つのか，はては科学の研究の落ちこぼれという目ですら見られた．せいぜい役に立つことといえば，民衆への科学の啓蒙か，理科教育の手引ぐらいに思われていた．
　広重徹は，科学史を独立したひとつの学としてとらえ，実証的な科学史研究そのものをめざした．その編著書『科学史のすすめ』[1]（1970）で，科学史研究のむずかしさを次のように述べている．つまり，科学の歴史である以上，その科学の理解なしには何ごともできない．大学学部あるいは大学院程度の科学の

理解がいる.「しかも,科学史のためには,科学の理解がテクニカルなレベルにとどまるのではなく,自分の科学観をもちうるような理解でなければならない.そして,科学を内在的に理解すると同時に,その同じ科学を対象化してとらえることができなければならない」.

広重徹は,徹底した原典主義を要求した.

「科学史で料理されるべき材料は,ラテン語や中国語や,古いイタリア語やらで書かれていて,それを読みこなさなければ手も足も出ない.もっと新しい時代の科学を扱うときにも,程度の差はあっても同じ事情がある.物理学や何かの勉強のように英語だけどうやら読めればなんとかなる,という工合にはいかない.」

彼の厳しい研究への心構えを読んでいると,果たして何人そのような研究能力をもつ人物がいるのだろうかと思った.

広重徹は,昭和3年(1928)8月28日,父,広重森一郎,母,明子の長男として,神戸市に生まれている.神戸市立雲中小学校,兵庫県立神戸第一中学校へと進み,第三高等学校から京都大学理学部物理学科へと進んだ.卒業後は,さらに大学院へと進学し,湯川研究室(素粒子論)に5年間籍を置いた.

デビュー論文は,「電磁場の理論の成立」[2](辻哲夫,恒藤敏彦との共著,1955)であった.当時,電磁気学に関心をもっていた私は,コピーで入手して読み,何か目が覚める思いがした.

この論文にいたる研究は,昭和28年(1953)の秋ごろから,理論物理学研究の余技として始められていたらしい.はじめ辻に誘われる形で参加した広重は,その研究がまとまった段階ではその研究にもっとも積極的になっていたという.

この論文を皮切りに広重は,科学史研究の世界に本格的に入りこんでゆく.共同研究者の恒藤は,こう書いている.

「理論物理でやるようないわば非常に特殊な問題について長い計算をやるとか,それから数学的形式的な展開を徹底的に進めるとかいうようなことよりは,概念的な思考に広重さんは関心をもち,好んでいたようです」.

このような好みはその頃急に始まったものではなく,たとえば神戸一中時代にはすでに芽ばえていた.理化研究会というサークル活動を通じて,ポアンカ

レ，寺田寅彦，そして天野清『熱輻射論と量子論の起原』[3]などを読んでいたという．

昭和32年（1957），日大理工学部の物理学科に専任講師として迎えられる．翌年設立される物理学教室の科学史研究グループの一員としてであった．物理学教室に科学史研究室をもつ大学は今でも珍しいが，当時においては，日大といえども，科学史は物理学者が片手間にやれること，あるいはやられるべきことという考えが支配的であった．それに対して，広重は科学史それ自身が一個の独立した学問であることを声を大にして主張し，他の科学史家にも厳しく高水準の研究をおこなうことを要求した．

その後，広重は，日本を代表する科学史家の一人として，昭和40年（1965）の第11回から国際科学史会議に出席した．昭和49年（1974）の第14回会議を日本で開催するにあたり，広重はプログラム委員長として活躍した．その2年前に吐血して手術，退院まもない病体をおしての献身ぶりであった．翌年1月7日，横須賀市民病院にて死亡，壮絶な最期であった．

広重徹の人柄を私は知らないが，論争的であったというのは周囲の一致したところのようだ．私などでも，板倉聖宣氏（仮説実験授業の提案者）との論争がまず思い出される．

広重が，さきのデビュー論文を出した2年後の昭和32年（1957）から3年がかりで板倉は，「古典力学と電磁気学の成立過程とその比較研究」なる論文[4]を連載発表した．私は，はじめこの論文をコピーで読み，のちに本となった『科学の形成と論理』[5]でも読んだ．広重とは違ったスタイルで書かれたこの論文も，じつに面白かった．とくに，最後のまとめの流れ図は，古典力学と電磁気学という2つの学問の枠組を整理し，教育実践するのに大いに参考になった．しかし，広重にはこれが気にくわない．彼は言う．

「科学の歴史からことなった時代に属するいくつかの形成史をとりだし，えられた結果だけに着目してそれらを系統樹にまとめ，その枝ぶりがたがいに共通かどうかを問題にするというやり方では，ありもしない果実を求める空しい努力であるのみならず，歴史の具体的分析に対して有害な先入観を与えることになりかねない」．

板倉は，次のように応えている．

「広重氏との対立は科学史研究の方法論上での基本的な対立です．……問題は，私の仮説がどれだけのことを発見するのに役立ち，広重氏のそれがどんな発見をもたらすかです．いや，この対立は，広重氏が歴史について大規模な仮説をたてることをきらうことにあるといってよいでしょう．私ははっきりと大胆な仮説をたてて研究します．けれども広重氏はただ「知られた事実」の糸を無意識な仮説のもとにつなげていくだけなのです．つまり，私の方からいえば，広重氏は実証主義的科学史家ということになります」．

また他に武谷三男（三段階論の提唱者）への痛烈な批判も思い出される．もう引用するのはやめるが，武谷三男『量子力学の形成と論理』第1巻[6]のあとがきに詳しい．

先日，必要あって広重徹の著訳書をリストアップしてみた．何と30点に達した．翻訳・共著も含めての数だが，その短い生涯によくぞこれだけと思った．中身もしっかりしたものばかりである．その著訳書を見ていると，科学史に関心のない人でも，多かれ少なかれ彼の著訳書のお陰をこうむっているのではないだろうかと思った．

たとえば，あの大部なランダウ・リフシッツの『理論物理学教程』全11巻のうち『場の古典論』[7]と『力学』[8]は彼の翻訳だ．同じ著者の『万人の物理学』[9]，『相対性理論』[10]といった普及書も彼の翻訳である．文系の教科書『新しい物理学』[11]や中公新書の『転機にたつ科学』[12]といった著作もある．

しかし何といっても彼の本領を発揮しているのは，第一には『近代物理学史』[13]と『物理学史』[14]全2巻で，とくに後者は，克明な原典主義に裏づけされた著作で学問的科学史書として評価の高いものである．第二には，『戦後日本の科学運動』[15]と『科学の社会史』[16]である．広重は，電磁場論，相対論，といった科学そのものの内部の発展を跡づけながら（内的科学史），一方では社会の中の科学運動をテーマとした（外的科学史）．そして，第三には，科学史論を主題とした『科学と歴史』[17]や『科学史のすすめ』[1]が挙げられるだろう．

これらの著作には，広重の学術論文そのものは収められていない．いちいちコピーをとるのは面倒だし，それでは多くの人に普及しない．広重が亡くなって

まもないころ，私は思いあまって，『白然』（中央公論社）の編集長，岡部昭彦氏に広重氏の論文集を出してくれないだろうかと手紙を書いた．それは，まもなく西尾成子氏の手によって立派な『広重徹科学史論文集』[18] 全2巻（1980・81）となって実現した．なおしかし，広重の啓蒙的散文は今だどこにも収められていないので，ぜひこれからでも1巻に編んでほしいものだ．

　数年前のある日，私は広重徹の墓参りをした．彼の年譜を見ても墓の所在までは記されていないので，また岡部昭彦氏に問いあわせてみた．岡部氏は「不思議なこともあるものです」で始まる返信をくれて，墓の所在を教えてくれた．
　何が不思議であるのか，それは，岡部氏も私の手紙がくるまで，墓のことまでは知らなかったらしい．ところが，私の手紙が届いたその日の夕方，銀座へ地球環境映像祭を観に行ったところ，ばったり広重夫人に会ったというのである．岡部氏は，私からの手紙のことを広重夫人に伝え，夫人は翌日詳しい地図を手紙とともに岡部氏に送った．その地図と手紙が私のところへ転送されてきたのである．
　所在地は，京都市上京区烏丸今出川にある相国寺である．ちょうど，同志社大学の北側にある．
　私は烏丸今出川の交差点から烏丸通りを北へ少し歩いたところから，東に折れる．水上勉の「雁の寺」を横目に歩くと，すぐ相国寺の境内である．松の大木があちこちに枝葉を伸ばし，静かなたたずまいである．墓所は寺の西側，烏丸通り側にあった．入口は，両側に寺の建物が立ち並ぶ間にあって，そこからまっすぐ歩いていくと，墓は入口近くに，入口に面してあった．「廣重家之墓」とあるのがそうである．
　広重夫人からの手紙によると，「京都に墓をもったのは，私達の本籍は京都にあるし，勉学したのも京都というので割合スンナリきめました」，「広重の父は分家の為，徹の死後，私が墓地を買い，墓をたてました」とある．
　これまでかなりたくさんの墓参りをしたが，それは墓参りというよりは，史跡散歩といった方がよい．古い時代の著名な人物になると，自治体はその墓を史跡として指定し，看板などを立てている．
　広重徹については，ちと事情が違う．私は同時代の先輩として，その死を悼

み，墓前にて手を合わせた．

　彼の短かった生涯を思うに，短いなりに完結しているように思える．死期が近いことを知った彼は，学生時代にやりかけてあった仕事，たとえば，『カルノー熱機関の研究』[19]の翻訳などをすべて仕上げているからである．もっと生きて，それまでの研究をベースにして「電磁気学史」と「相対論史」の著作を完成してほしかったが，これは後からいえることであろう．広重徹よ，安らかに眠ってください．

──注──

1) 広重　徹編『科学史のすすめ』(筑摩書房，1970)．
2) 辻　哲夫・恒藤敏彦・広重　徹「電磁場の理論の成立 (1) (2)」，『科学史研究』No.34・35 (1955)．
3) 天野清訳編『熱輻射論と量子論の起原』(大日本出版，1943)．
4) 板倉聖宣「古典力学と電磁気学の成立過程とその比較研究」，『科学史研究』No.44〜51 (1957〜1959)．
5) 板倉聖宣著『科学の形成と論理』(季節社，1973)．
6) 武谷三男著『量子力学の形成と論理』第1巻 (覆刻版，勁草書房，1972)．
　　本書の初版は1948年銀座出版社から出たもの．その後長崎正幸との共著として第2巻は1991年，第3巻は1993年に同出版社から出て，40数年かかって全3巻が完結した．その武谷三男も2000年4月22日88歳で死去した．
7) 広重　徹・恒藤敏彦訳『場の古典論』(東京図書，1964)．
8) 広重　徹・水戸巌訳『力学』(東京図書，1967)．
9) 金関義則・広重徹訳『万人の物理学』全2巻 (東京図書，1964)．
10) 鳥居一雄・広重徹訳『相対性理論入門』(東京図書，1962)．
11) 福田信之・広重徹著『新しい物理学』(共立出版，1961)．
12) 竹内　啓・広重徹著『転機にたつ科学』(中公新書，1971)．
13) 広重　徹著『近代物理学史』(地人書館，1960)．
14) 広重　徹著『物理学史』全2巻 (培風館，1968)．
15) 広重　徹著『戦後日本の科学運動』(中央公論社，1960)．
16) 広重　徹著『科学の社会史』(中央公論社，1973)．

17）広重　徹著『科学と歴史』（みすず書房，1965）．
18）西尾成子編『広重徹科学史論文集』全2巻（みすず書房，1980・1981）．
　　第1巻が「相対論史」，第2巻が「原子構造論史」と題し，『科学史研究』，『物理学史研究』などの専門誌に発表された38篇の論文が収められている．
19）広重　徹訳と解説『カルノー熱機関の研究』（みすず書房，1972）．

付記

広重徹の詳しい著作目録が文献18）第2巻の巻末に載っている．広重の著作は，共著・共訳を含めると他にまだ10冊余りある．単行本未収録の論考も多数ある．

初出一覧

第1章 「重力の逆二乗法則－その検証実験の系譜－」、『徳島科学史雑誌』No.2, 19-23（徳島科学史研究会, 1983）.

第2章 「アトウッドとその器械について」、『高校理科研究』No.264 6-8（大日本図書, 1991）.

第3章 「カント著『活力測定考』に見る活力論争の争点と力の概念」、『徳島市立高等学校研究紀要』No.27, 13-24（1993）.

第4章 「物理定数の探究史（X）大気圧」、『徳島科学史雑誌』No.12, 8-19（徳島科学史研究会, 1993）.

第5章 「ジュールによる熱の仕事当量の測定実験」、『徳島市立高等学校研究紀要』No.23・24（合併号）, 1-7（1990）.

第6章 「物理定数の探究史（V）音速」、『徳島科学史雑誌』No.7, 10-15（徳島科学史研究会, 1988）.

第7章 「歴史における光の屈折現象」、『高校理科研究』No.218, 6-8（大日本図書, 1986）.

第8章 「歴史における光の屈折現象」、『高校理科研究』No.223, 6-8（大日本図書, 1986）.

第9章 「空はなぜ青いか－先人たちの研究史－」、『高校通信東書地学』No.283, 1-4（東京書籍, 1988）.

第10章 「クーロン法則探究過程における直接的方法と間接的方法」、『日本物理教育学会誌』Vol.27, No.2, 84-88（1979）
「静電気力に関するクーロンの逆二乗法則（原典翻訳）」、『徳島県高等学校理科学会誌』No.22, 41-50（1981）

第11章 「クーロン法則の検証実験の系譜」、『教材研究物理』No.13, 1-7（数研出版, 1982）.
「キャベンディシュによる静電気力の逆二乗法則の証明」、『高校理科研究』No.241, 6-8（大日本図書, 1986）.
「静電気力に関するプリーストリーキャベンディシュの逆二乗法則（原典翻訳）」、『徳島県高等学校理科学会誌』No.21,

第12章　「光電効果－その発見と解釈の歴史」,『教材研究物理』No.29　1-8（数研出版, 1993）.

付　章　「自然科学の古典をどこに求めるか」,『日本物理教育学会誌』Vol.41, No.4, 446-450（1993）.

あとがきにかえて
「学生運動から物理学史研究へ－山本義隆－」,『徳島教育』No.982, 60-63（徳島県教育会, 1994）.
「ある若き科学史家の死－広重徹」,『徳島教育』No.1004, 74-77（徳島県教育会, 1995）.

事項索引

あ行

アインシュタインの方程式　7
青い地球　125
新しいパスカル像　63
アトウッドの器械　16
アモントンの実験　91
イオン化説　167
一流体説　156
一般相対論の検証　8
陰極線の屈曲実験　167
運動エネルギー　31
運動の力　24
運動の法則の妥当性　21
運動量　31
エーテル　6
エコール・ポリテクニク　113
X線　175
エネルギー保存の法則　40
『エレクトロン』　175
演示実験　16
「オストワルト古典叢書」　131
音のエネルギー損失　79
音速　84
音速の式　84
音速の理論　88

か行

科学研究のあり方　139
科学者の個性　139
活力　24, 37
『活力測定考』　24
活力論争　24
干渉の原理　115
干渉の公式　114
『カント全集』　25

『気象観測および論文集』　62
気体放電の研究　167
逆二乗法則　3, 130, 142
「逆二乗法則の証明について」　148
キャベンディシュ研究所　145
キャベンディシュの実験　145
吸引力の原理　48
球殻の理論　143
凝集力　48
強制振動　165
共鳴理論　171
近日点移動　7
近接作用　139
近代科学　87
空気ポンプ　57, 60, 71
クーロンの法則　2, 130, 142
「クーロンの論文集」　131
「クーロン法則の新しい実験的検証，光子の静止質量の実験的上限」　154
クーロン法則の厳密性　142
「クーロン法則の実験的検証」　153
『屈折光学』　102
屈折の法則　100
屈折率　100
クントの実験　94
経験則　21
決定的実験　51, 56
ケプラーの第3法則　5
ケプラーの法則　7
原子構造　174
現実運動　39
検証実験　3, 142
現代力学　40
検電器　146
『光学』　100, 106, 111, 115, 120
『光学宝典』　101

― 204 ―

光子の静止質量　*152*
光電効果　*164*
光電効果の式　*165*
光電効果の実験　*175*
光量子説　*107, 168*
高度測定の公式　*62*
古典電磁気学　*122*
古典電磁場の理論　*171*
古典力学　*40*
言葉上の論争　*25*
コラドンとステュルムの実験　*94*
コンプトン効果　*175*

さ行

最短時間の原理（フェルマの原理）　*103*
作用力　*37*
酸化説　*167*
時間の測定　*86*
磁気振り子　*137*
磁気力　*130*
思考実験　*63*
仕事　*31*
『自然科学の形而上学的基礎』　*24*
『自然学』　*47*
『自然学小論集』　*84*
自然光　*120*
『自然哲学序説』　*6*
自然電離　*151*
実験科学の精神　*63*
実験的研究と理論的研究　*63*
実験的方法　*87*
実験の重要性　*60*
『実践理性批判』　*25*
自由運動　*39*
重力　*3*
重力加速度　*16*
重力の逆二乗法則　*6*
『ジュール・エネルギーの原則』　*69*
『ジュールの科学論論文集』　*69*
ジュールの法則　*69*
シュワルツシルド厳密解　*7*
『純粋理性批判』　*25*

象限電位計　*149*
照度の逆二乗法則　*143*
初等物理　*84*
死力　*37*
「新科学対話」　*47*
真空嫌悪説　*46*
真空中の真空実験　*51*
『真空に関する新実験』　*51*
『真空についてのマグデブルグの新実験』　*57*
真空のもっている抵抗力　*48*
水気圧計　*60*
水中での光速度測定　*116*
水中での光の速度の測定実験　*107*
数学的直観　*63*
スカラー量　*37, 42*
静電気力　*2, 130*
静電気力の逆二乗法則　*6*
静電気力も逆二乗法則　*144*
接触電位差　*151*
摂動論　*7*
「空の青色，空の光の偏光について，および雲状物質による一般的な光の偏光について」　*121*
空の青さ　*118*
素粒子物理学　*63*

た行

第1回ソルベイ会議　*171*
大気圧　*46*
大気圧の概念　*46*
大気圏の厚さ　*62*
大気の海　*46*
大気の重さ　*48*
『大気の重さについて』　*51*
『大自然科学史』　*16*
体積弾性率　*89*
「帯電したカップを用いた実験」　*145*
断熱圧縮　*71*
断熱変化　*91*
断熱膨張　*71*
力の概念　*31, 37*

「力の保存についての物理学的論述」　40
超音波技術　94
チンダル現象　121
定圧モル比熱　84
定常波　92
定積モル比熱　84
『哲学原理』　38
「電荷間の力に関するクーロン法則の新しい実験的検証」　153
「電荷間の力に関するクーロン法則の非常に正確な検証」　151
『電気学の歴史と現状』　145
電気振り子　133
電気力学　130
電気流体　147
「電気力の法則の実験的決定」　145
『電磁気論』　122, 148
電磁場の基本方程式　122
電磁波の検知実験　166
電磁放射　122
天体力学の理論　157
電池　139, 156
天動説　100
電流による発熱作用　69
等温変化　89
トリチェリの実験　49
トリチェリの真空　50

な行

内張力　38
二重スリットによる光の干渉現象　107
「2半球に囲まれた球の帯電に関するキャベンディシュの実験」　148
ニュートンの運動方程式　31
二流体説　156
ねじれ秤　130, 131, 135
ねじれモーメント　138
熱の仕事当量　68

は行

媒質　85
媒質の力学的諸性質　94

波動説　107
場の理論　139
『判断力批判』　25
万有引力　3, 130
万有引力定数　6, 9
万有引力のポテンシャル　10
『光, 色および虹に関する物理・数理学』　110
『光と陰影の大技術』　119
光と物質の二重性　176
『光についての論考』　104, 111
光の回折　110
「光の回折について」　113
光の散乱　118
光の電磁理論　122
光の波動説　104
比電荷　167
比熱比　84
ピュイ・ド・ドーム山の実験　53
ビュリダンの理論　42
『物体の直進運動と回転に関する論考』　16
『物理学序説』　2
『物理学論文集』　131
「物理光学に関する実験と計算」　112
『普遍的和声』　85
「浮遊する大気中の小さな粒子からの光の放射と空の青さの原因について」　122
ブラウン運動　125
ブラッグの干渉実験　175
プランク定数hの精密な値　170
プランク定数　165
『フランス王立科学アカデミー紀要』　130, 131
振り子　136
振り子の周期測定　3
プリズム　120
『プリンキピア』　3, 4, 5, 21, 87, 88, 89, 143
ベクトル量　37, 42
ペリエ　54
偏光　121
『ヘンリー・キャベンディシュの電気学研

究』 145, 148
ホイヘンスの原理 114
ボイル・シャルルの法則 96
ボイルの法則 72, 89
ポインティング・ベクトル 123
ポテンシャル理論 149, 157
マグデブルグの半球実験 56

ま行

摩擦 40, 42
摩擦起電器 139, 156
ミー散乱 125
『ミクログラフィア』 104, 111
『森の森』 86

や行

誘電率 123
誘発説 171
湯川力 152
要素的運動 114

ら行

ライデンびん 156

ライトの実験 173
『ライプチヒ学報』 38
力学教育の論理 43
力学形成の理論 43
力学的世界と熱的世界 68
『力学論』 25
力積 31
粒子説 107
粒子論 120
流体中の波の伝わる速さ 89
「流体の平衡に関する大実験談」 56
『流体の平衡について』 51
流率法 147
量子力学 176
「臨界状態における均質液体および混合液体の螢光の理論」 125
『霊魂論』 85
レイリー散乱 125

わ行

惑星の運動 5

人名索引

あ行

アインシュタイン　7, 107, 125, 164, 168
アタナシウス・キルヒャー　119
アトウッド　16
アリストテレス　47, 56, 84
アルハーゼン　101
アレニウス　167
石原純　174
ヴィーデマン　167
ヴィヴィアーニ　49, 87
ウィリアムズ　3, 152, 154
エーベルト　167
エルステル　167
オイラー　6
オストワルト　24

か行

ガイテル　167
ガウス　149
カスパル・ショット　60
ガッサンディ　85
カッシーニ　88
ガリレイ　16, 47
カント　24
キャベンディシュ　6, 131, 139, 143, 145
クーロン　130, 142
クラウジウス　122
グリーン　149
グリマルディ　110
桑木或雄　24
クント　94
ゲーリッケ　51, 56
ケプラー　101
コラドン　94
コクラン　152, 153

さ行

J. J. トムソン　167, 175
ジュール　68
ステュルム　94
ストークス　122
ストレトフ　167
スネル　100, 102
ゾンマーフェルト　165, 171

た行

谷川俊太郎　118
ダランベール　25
ダンネマン　16, 24
チンダル　121
テオフラストス　85
デカルト　24, 51, 100, 102
寺田寅彦　2
トリチェリ　46, 49
ドルトン　62

な行

中川　徹　24
ニュートン　3, 87, 88, 106, 111, 115, 120, 143

は行

バートレット　152, 153
パスカル　51
ハルバックス　167
ハレー　3, 62, 88, 120
ビオー　90
ピカート　88
ピタゴラス　85
ヒューズ　173
平川浩正　9

ファラデー　121
フーコー　107, 116
フェルマ　103
フック　3, 104, 111
プトレマイオス　100
フラムスティード　88
プランク　24, 107, 175
フランクリン　144
フランシス・ベーコン　85
プリーストリ　143
プリムトン　151
フレネル　113, 115
ペリエ　53
ヘルツ　166
ベルヌイ　21
ヘルムホルツ　40, 122
ポアソン　107, 149
ホイヘンス　5, 88, 104, 111
ボーア　175
ボルタ　139, 156
ポレニ　21
ボレリ　87

ま行

マイケルセン　8

マクスウェル　122, 145, 148, 171
マッハ　24
ミケランジェロ・リッチ　49
ミリカン　170, 175
メルセンヌ　85

や行

ヤング　107, 112
ヤンマー　24
ユークリッド　100

ら行

ライプニッツ　21, 24
ラプラス　90
ランキン　40
ランベルト　144
ルヴェリエ　7
ルクレティウス　84
レイリー　118, 122
レーマー　88
レオナルド・ダ・ビンチ　118
レナート　164, 167
レン　3
ローレンツ　174
ロング　9

著者紹介

西條敏美（さいじょうとしみ）

1950年　徳島県に生まれる
1974年　関西大学工学部卒業
1976年　同大学院修士課程修了
現　在　徳島県立徳島中央高等学校・通信制課程教諭
　　　　これまで，徳島県立鳴門高校，徳島市立高校，徳島県立阿波高校等で理科教育を担当する．1981年徳島科学史研究会を創設し，機関誌『徳島科学史雑誌』を創刊する．現在同会事務局担当，日本科学史学会四国支部長，他に日本物理学会，日本物理教育学会，日本理科教育学会等の会員
専　攻　理科教育・物理教育・科学史
著　書　物理定数とは何か（講談社ブルーバックス）
　　　　西国科学散歩　上・下（裳華房ポピュラーサイエンス）
　　　　虹－その文化と科学（恒星社厚生閣）

物理学史断章－現代物理学への十二の小径
（ぶつりがくしだんしょう）

2001年11月8日　初版発行	著　　者　西條　敏美（さいじょう　としみ）
	発　行　者　佐竹　久男
	発　行　所　恒星社厚生閣
	〒160-0008　東京都新宿区三栄町8
	TEL 03-3359-7371 FAX 03-3359-7375
	http://www.vinet.or.jp/~koseisha/
	組　　版　恒星社厚生閣 文字情報室
	本文印刷　興英文化社
定価はカバーに表示	製　　本　協栄製本

© Toshimi Saijo, 2001　printed in Japan
ISBN4-7699-0945-4　C0042

好評既刊書

虹 —その文化と科学
西條敏美 著
四六判/200頁/上製/本体2,500円
ISBN4-7699-0903-9

光と水滴の魔術 — 虹。それは常に時代を映し出すものであり、科学の発展の原動力であった。本書は神話・伝説から説き起こし、アリストテレス、デカルト、ニュートンらの足跡を辿り、現在の理論をまとめた虹の研究史。丸い虹、ムーンボウ等珍しい現象や人工虹の作り方も紹介した本書は虹の教養書でもある。

日時計 —その原理と作り方
関口直甫著
A5判/184頁/上製/本体2,500円
ISBN4-7699-0948-9

合理性と造形性を兼ね備えた日時計、それにはその時々の社会制度、習慣、知性が刻み込まれている。本書は日時計の歴史、原理、さらには作り方までを多数の写真・図を使い紹介した、日時計の百科辞典。誰でもが楽しめる好著。

医用X線装置発達史
青柳泰司著
A5判/370頁/上製/本体5,500円
ISBN4-7699-0936-5

今日の放射線技術の発展は目覚しいものがある。本書は『レントゲンとX線の発見』の続編で、医用X線装置の発展を記した他にはない貴重な資料。多くの貴重な写真を配し、開発の過程でのエピソードをちりばめた本書は第一級の技術史。

近代科学の扉を開いた人
レントゲンとX線の発見
青柳泰司 著
A5判/250頁/上製/本体3,500円
ISBN4-7699-0919-5

X線を発見し第1回ノーベル物理学賞に輝いたレントゲン。しかし、彼その人については残念なことにあまり知られていない。本書は、長年X線装置に携わってきた著者が、自ら集めた多数の写真・資料を配し、レントゲンの生涯、そしてX線発見の経緯、その社会的反応などを描く貴重なドキュメント。

星座の秘密 やさしい天文学Ⅱ
—星と人とのかかわり
前川 光 著編訳
A5判/174頁/上製/本体2,200円
ISBN4-7699-0916-0

星座の生い立ちや、現行星座ができるまでの変遷とその逸話。古代の宇宙観から天文学者の活躍を通した天文学の歴史。日常生活と関りの深い天文学の意外な面や間違われていることなど、人と天文学との結びつきをテーマに、様々なエピソードを盛り込んで解説。巻末には現行星座表・星座別恒星表などの資料付。

新装版 星座の神話
—星座史と星名の意味
原 恵 著
A5判/330頁/並製/本体2,800円
ISBN4-7699-0825-3

星座物語は人類の歴史とともに歩み、人々の夢とロマンを反映させた一大スクリーンである。本書はそれらの星名の意味や、星座の成立の背景などについて書かれたもので、ギリシャ神話に登場する星や星座については我が国の類書の中でも最も優れたものであろう。星座史学の確立を目指した名著である。

株式会社 恒星社厚生閣

別途消費税がかかります。